D 15

Beiträge zur Kenntnis der symbiontischen Einrichtungen der Heteropteren

Vorgelegt von

Gerhard Schneider
aus Leipzig

Springer-Verlag Berlin Heidelberg GmbH 1940

ISBN 978-3-662-37589-1   ISBN 978-3-662-38370-4 (eBook)
DOI 10.1007/978-3-662-38370-4
Sonderdruck aus
„Zeitschrift für Morphologie und Ökologie der Tiere", 36. Band, 4. Heft
(Verlag von Julius Springer, Berlin W 9)

Meiner lieben Mutter gewidmet

Inhalt.

	Seite
Einleitung	595
Material und Technik	596
Die Symbiose von *Coptosoma scutellatum* Geoffr.	599
a) Das symbiontische Organ der Imago	599
b) Die Übertragung der Symbionten auf die Eier	605
c) Die symbiontischen Einrichtungen der jungen Larve	611
d) Die Symbionten	612
e) Symbiontenfreie Larven	614
Die Symbiose von *Ischnodemus sabuleti* Fall.	616
a) Lage und Bau der Mycetome in der Imago	616
b) Die erbliche Übertragung der Symbionten	618
c) Die Genese der Mycetome	621
Die symbiontischen Einrichtungen der Gattung *Nysius* Dall.	625
a) Die Mycetome	625
b) Die Übertragung der Symbionten	627
c) Die Symbionten	629
Die Symbiose von *Ischnorrhynchus resedae* Pz.	631
Die Verbreitung der Heteropterensymbiose	634
Zusammenfassung	642
Schrifttum	643

Einleitung.

Die eigentümlich gestalteten und intensiv gefärbten Anhänge, die den Mitteldarm vieler Heteropteren bis zum Ansatz der Malpighischen Gefäße begleiten, konnten schon der Aufmerksamkeit der alten Insektenanatomen nicht entgehen. Die ersten Arbeiten befaßten sich naturgemäß mehr mit der Verbreitung und der äußeren Erscheinung dieser Einrichtungen, wenn auch bereits Leydig erkannte, daß sie mit Vibrionen gefüllt seien. In der Folge wurde besonders durch Forbes (1896) die Kenntnis dieser Bildungen wesentlich gefördert. Sein Schüler Glasgow (1914) setzte die Untersuchungen fort und beschäftigte sich erstmalig ausführlicher mit den morphologischen und physiologischen Problemen der Wanzensymbiose. Vor allem suchte er die Frage der Symbiontenübertragung und das Schicksal der Bakterien während der Embryonalentwicklung des Wirtes zu klären. Gleichzeitig studierte er das Verhalten der Bakterien in vitro. Ohne Kenntnis seiner Befunde wandte sich KUSKOP (1924) ebenfalls dieser Insektenordnung zu, nachdem kurz zuvor BUCHNER (1923) durch die Entdeckung von Mycetomen bei *Cimex lectularius* L. der Erforschung der Heteropterensymbiose einen neuen Impuls gegeben hatte. Schließlich sind in diesem Zusammenhange noch drei neuere Arbeiten zu nennen, eine von CONVENEVOLE (1933), die sich speziell mit dem symbiontischen Organ von *Aelia rostrata* GEOFFR. befaßt, dann WIGGLESWORTHs (1936) Untersuchungen über die symbiontischen Bakterien der blutsaugenden Triatomide *Rhodnius prolixus* STAL. und die kürzlich erschienene Arbeit von ROSENKRANZ (1939) über die Symbiose der Pentatomiden. Letzterem gelang es unter anderem den Übertragungsmodus in dieser Familie eindeutig zu klären sowie in der Unterfamilie der Acanthosominen die Existenz eines besonderen Beschmierorgans nachzuweisen.

Durch die genannten Veröffentlichungen sind wir über die symbiontischen Einrichtungen der Heteropteren ziemlich gut unterrichtet. Wenn ich mich trotzdem erneut ihrem Studium zuwende, so geschah das aus mehreren Gründen. Die Anzahl der untersuchten Arten war, verglichen mit der für das Deutsche Reich festgestellten Heteropterenfauna (nach MICHALK 766 Arten), immer noch sehr gering, und die Ausdehnung auf möglichst viele Arten sowie vor allem auf die bisher vernachlässigten Familien erschien wünschenswert. Dadurch sollte vor allem auch Klarheit darüber geschaffen werden, inwieweit vielleicht auch noch andere als die bisher bekannten Typen der Lokalisation der Symbionten vorkommen.

Ferner war zu hoffen, daß auf Grund eines solchen umfangreicheren Materials sich die mutmaßlichen Beziehungen zwischen Symbiose und Ernährungsweise noch eindeutiger als bisher darstellen würden.

Meinem verehrten Lehrer, Herrn Prof. Dr. P. BUCHNER, möchte ich auch an dieser Stelle für die wissenschaftliche Anleitung und das lebhafte Interesse, das er meiner Arbeit jederzeit entgegengebracht hat, meinen besonderen Dank aussprechen. Desgleichen bin ich den Dozenten Dr. E. RIES und Dr. M. GERSCH sowie Dr. H.-J. MÜLLER verpflichtet, die mich stets unterstützt haben.

Material und Technik.

Von den 33 Familien der Heteropteren, die HEDICKE für die mitteleuropäische Fauna anführt, prüfte ich 23 auf Symbiose. Die untersuchten Tiere stammten vorwiegend aus der Umgebung von Leipzig — nur ein kleiner Teil aus Freyburg a. U., Jena, Bellinchen a. O. und Porto d'Ischia (Neapel) — und wurden gemeinsam mit dem Entomologen O. MICHALK gefangen. Ohne seine selbstlose Unterstützung, die sich auch auf das Bestimmen der Tiere erstreckte, wäre es mir nicht möglich gewesen, der vorliegenden Arbeit 141 Arten zugrunde zu legen. Ich möchte nicht versäumen, ihm an dieser Stelle nochmals meinen besten Dank auszusprechen. Das italienische Material verdanke ich den Herren Prof. BUCHNER und O. MICHALK.

Zu den Arten, welche sich als für die Symbioseforschung besonders wichtig herausstellten, sei kurz bemerkt:

Ischnodemus sabuleti FALL. wurde in der Nähe Leipzigs bei Großzschocher, Zöbigker und Gundorf gefunden. Die erwachsenen Tiere wie die Larven bewohnen die Blätter von Sumpf- und Wasserpflanzen. Mit Vorliebe halten sie sich an *Glyceria aquatica* auf, wo sie in den Blattscheiden verborgen leben. Die Eier werden in das Pflanzengewebe eingesenkt; meist liegen mehrere hintereinander, oft sind sie auch unregelmäßig verteilt. Die Imagines zeichnen sich durch Reduktion der Flügel aus. Neben diesen brachypteren Formen gibt es auch solche mit normal entwickelten Flügeln. Sie sind zur Zeit hier in der Minderzahl. In manchen Jahren sollen sie zahlreicher auftreten (MICHALK 1938). Vermutlich hat die Witterung in der Zeit der larvalen Entwicklung Einfluß auf die Entstehung der Flügel. Ich machte bei meinen Larvenzuchten, die im Trockenschrank bei einer konstanten Temperatur von 26^0 C gehalten wurden, jedenfalls die Beobachtung, daß aus ihnen hauptsächlich normalflügelige Imagines hervorgingen. Besonders auffällig war diese Erscheinung im weiblichen Geschlecht.

In bezug auf die Überwinterung von *Ischnodemus sabuleti* konnte noch kein eindeutiges Ergebnis gewonnen werden. Die Wanze scheint nach meinen Beobachtungen als Larve zu überwintern. Sie kann aber auch die kalte Jahreszeit als Imago überdauern, wie dies z. B. im Winter 1938/39 der Fall war. Damals war im vorangegangenen Sommer infolge der ungünstigen Wetterverhältnisse *Ischnodemus* überhaupt nicht zur Eiablage gekommen.

Die kleine braunrote Wanze *Ischnorrhynchus resedae* Pz. fand ich auf Erlen und Birken. Im Winter wurde sie auf einer im Westen von Leipzig gelegenen bewaldeten Endmoräne, dem Bienitz, an Eichen geklopft oder am Fuße derselben vom Erdboden gesiebt. Soweit sie auf Erlen lebt, kommt sie oft mit einer anderen Lygaeide, *Oxycarenus modestus* FALL., gemeinsam vor, welche ausschließlich Erlen bewohnt. Die Larven beider Arten beobachtete ich im Sommer in den Fruchtzäpfchen eines Erlenbestandes in der Nähe von Zöbigker, wo sie an den Samen saugten. Die Imagines dagegen leben auf den Blättern.

Der Bienitz weist auf seiner Südseite einige Sandgruben auf, die mit ihren sonnigen und trockenen Stellen eine ideale Wohnstätte für Wanzen bilden und von Entomologen gern besucht werden. Dieser Örtlichkeit entstammt auch ein großer Teil meines Materials. Hier konnten z. B. 3 Arten der Gattung *Nysius*: *Nysius punctipennis* H. S., *N. thymi* WLFF. und *N. senecionis* SCHILL. erbeutet werden, während *N. lineolatus* COSTA in einer Kiesgrube am Ortsausgang von Doberschütz in der

Dübener Heide gefangen wurde. Die Angehörigen dieser Gattung sind kleine, äußerst flinke Tiere von grauer Färbung, die sich mit Vorliebe an solchen xerothermen Plätzen aufhalten. Besonders unter den dort vorkommenden *Potentilla*-Arten, die nach meinen Beobachtungen ihre Futterpflanzen sind, werden sie regelmäßig angetroffen. Ihre Larven leben ebenfalls an diesen Orten und suchen gern die Moospolster auf.

Langsamer in ihren Bewegungen ist *Coptosoma scutellatum* GEOFFR., die zur Familie der Plataspiden gehört. Der Lebensraum dieser Tiere umfaßt vorwiegend die Länder der östlichen Halbkugel. Von Rußland und der Türkei bis nach Japan, dem Malaiischen Archipel und Australien erstreckt sich ihr Vorkommen. In Mittel- und Südeuropa ist die Familie nur durch eine einzige Art, eben *Coptosoma scutellatum* GEOFFR., vertreten, wo sie vor allem die Gegenden mit kalkreichen Böden bewohnt.

Coptosoma besitzt viel Ähnlichkeit mit einer Pentatomide, so daß sie von manchen Autoren zu dieser Gruppe gerechnet wird. Die ersten Exemplare dieser schwarzen Wanze sowie den Fundort verdanke ich Herrn Dr. H.-J. MÜLLER, welcher die Tiere an dem Hang eines Hohlweges am Rande der nördlichen Elsteraue bei Schkeuditz gestreift hatte. Hier findet sich als Rest der eiszeitlichen Gletschermassen, die einstmals diese Gebiete bedeckten, ein fruchtbarer Geschiebelehm und seine kalkreiche Abart, der Geschiebemergel, der, wie überhaupt alle Kalkböden, eine gleichmäßig gute Durchwärmung des Bodens gestattet und die Ansiedlung wärme- und kalkliebender Tiere und Pflanzen begünstigt. Daß gerade der Westrand unserer engeren Heimat einen kalkhaltigen Boden aufweist, überrascht nicht weiter, denn er bildet ja den Übergang zum Muschelkalk der benachbarten Saalegegend. Er stellt gewissermaßen die östlichste Randzone des großen Thüringer Kalkgebietes dar, als dessen Bewohner *Coptosoma* schon lange bekannt ist. In diesem von Leipziger Entomologen bisher nur wenig begangenen xerothermen Biotop bei Schkeuditz, der nicht nur einen warmen, sondern durch die Sickerwässer der angrenzenden Hochfläche sogar einen ziemlich feuchten Boden mit entsprechender Vegetation besitzt, treffen wir eine Reihe von Insekten, die für die hiesige Fauna selten sind. Unter anderem tritt auch *Coptosoma* auf, von der wir wissen, daß sie kalkhaltige Böden bevorzugt, und die hier monophag an Kronwicke *(Coronilla varia)* lebt, wo sie mit Vorliebe an den saftreichen Stengeln unterhalb der Verzweigungen saugt. Nach STICHEL soll sie gelegentlich an *Lathyrus* vorkommen. Sie ist sehr schreckhaft und läßt sich schon bei der geringsten Erschütterung der Pflanze zu Boden fallen.

Da in der Gefangenschaft die regelmäßige Futterbeschaffung mit Schwierigkeiten verknüpft war, wurde versucht, die Tiere an *Bellis perennis* zu halten. *Coptosoma* nahm sie aber nicht an. Darauf reichte ich mit Erfolg andere, der Wirtspflanze verwandte Papilionaceen, z. B. Vogelwicke *(Vicia cracca)*, Futterwicke *(Vicia sativa)* und Esparsette

Beiträge zur Kenntnis der symbiontischen Einrichtungen der Heteropteren. 599

(Onobrychis viciifolia) und erzielte auch Eiablage. Die aus den mäßig feucht gehaltenen Gelegen schlüpfenden Larven bekamen anfangs dasselbe Futter. Da sich ergab, daß *Coptosoma* den Winter im Larvenstadium überdauert, mußte mit dem Absterben der Pflanzen im Herbst nach einer neuen Futterquelle Ausschau gehalten werden. Sie fand sich in der Zottelwicke *(Vicia villosa)*. Ihre Samen, die im Handel zu erhalten sind, wurden in Blumentöpfe ausgesät. Nach Aufgang der Saat setzte ich die jungen Larven daran, wo sie bei genügender Feuchtigkeit ausgezeichnet gediehen.

Wie *Coptosoma* in der freien Natur die kalte Jahreszeit übersteht, konnte leider nicht ermittelt werden. Daß die Larven die überdauernden unterirdischen Sprosse als Winterlager aufsuchen, ist sehr unwahrscheinlich. Zu diesem Zwecke müßten sie in das Erdreich eindringen, wozu sie aber nicht imstande sein dürften, da ihnen typische Grabbeine, wie sie z. B. der an Wurzeln von Gräsern lebende *Cydnus nigritus* aufweist, fehlen. Ich vermute daher, daß die Larven die Wicken im Herbst verlassen und den Winter mehr oberflächlich am Boden, unter Steinen, Laub und sonstigem Bodendetritus verbringen.

Zur Untersuchung wurden die Tiere in Ringerlösung nach MEISENHEIMER präpariert, die symbiontischen Organe im Leben beobachtet und Ausstriche davon hergestellt. Für die Fixierung der Objekte benutzte ich mit Erfolg die Gemische von BOUIN oder CARNOY. Fixiert wurden ganze Tiere, einzelne Darmabschnitte, Mycetome und Eier. Soweit das starke Chitin das Eindringen der Fixierungsflüssigkeit verhinderte, mußten die Objekte angeschnitten bzw. angestochen werden. Von der Verwendung besonderer Agenzien zum Erweichen stark chitinisierter Teile sah ich ab, da sie meist die Färbbarkeit der Gewebe herabsetzt. Es kamen lediglich die Hochführung der Objekte über Methylbenzoat-Celloidin mit Hilfe des Senkverfahrens und Mastixkollodium bei schwer schneidbaren Objekten zur Anwendung. Besonders bei den dotterreichen Eiern konnte nicht auf dieses freilich zeitraubende Hilfsmittel verzichtet werden.

Die Schnittdicke schwankte zwischen 2 und 7,5 μ. Gefärbt wurde mit Eisenhämatoxylin nach HEIDENHAIN und Hämalaun nach MAYER. Als Gegenfärbung diente Eosin-Orange G. Für die Bakterienausstriche benutzte ich Azureosin nach GIEMSA-ROMANOWSKI und Karbolfuchsin.

Alle Abbildungen sind mit Hilfe des ABBEschen Zeichenapparates in Objekttischhöhe angefertigt worden, während die Mikroaufnahmen von Herrn Dr. H. HERFURTH mittels einer Leica mit Aufsatzgerät und Grünfilter gemacht wurden.

Die Symbiose von *Coptosoma scutellatum* GEOFFR.

a) Das symbiontische Organ der Imago.

Öffnet man das Abdomen einer *Coptosoma*, so scheinen bei flüchtiger Betrachtung dieselben Verhältnisse vorzuliegen, die wir von vielen Coreiden und Cydniden kennen. Das genauere Studium lehrt jedoch, daß im Bau des gesamten Darmtraktus tiefgreifende Unterschiede bestehen.

Im allgemeinen gliedert sich der Verdauungskanal einer Wanze folgendermaßen: An den muskulösen Pharynx schließt ein enger schlauch-

Abb. 1. *Coptosoma scutellatum* GEOFFR., Darmtraktus des Weibchens nach dem Leben. *Mg* Magen, *MD₁* kurzer Mitteldarmabschnitt, *BlS* Blindsack, *Bl* kleiner blasenförmiger Abschnitt mit anschließendem kurzem Darm, *KrD* Kryptendarm, *MD₂* schlauchförmiger Abschnitt, *EBl* Endblase, *R* Enddarm mit MALPIGHIschen Gefäßen.

förmiger Oesophagus an, der in einen geräumigen Magen mündet. Ihm folgt der Mitteldarm, dessen Länge bei den einzelnen Heteropterenfamilien verschieden ist und der auch, vor allem bei phytophag lebenden Wanzen, mancherlei Komplikationen aufweisen kann. So treten oft ein bis zwei magenartige Erweiterungen und im Endabschnitt besondere Differenzierungen in Form verschieden gestalteter und von Bakterien bewohnter Blindsäcke auf. Den Abschluß bildet das weite, blasenförmige Rektum. An der Übergangsstelle, einem meist kugeligen Abschnitt, sitzen die vier (selten zwei) MALPIGHIschen Gefäße.

Auch der Verdauungskanal einer *Coptosoma* ist bis zum Magen entsprechend gebaut, der übrige Teil dagegen stark modifiziert und in seiner Gliederung ebenso eigenartig wie der Übertragungsmodus der Symbionten.

Es sei zunächst der Darm eines weiblichen Tieres geschildert (Abb. 1).

Über Pharynx und Oesophagus gelangt der Nahrungssaft in den Magen *(Mg)*, der wie auch der anschließende kurze Mitteldarmabschnitt *(MD₁)* histologisch keine Besonderheiten bietet. Beide Teile zeigen ein typisches Zylinderepithel mit großen Kernen und sekretreichem, granulärem Plasma. Die Fortsetzung bildet ein Blindsack *(BlS)* von fast kugeliger Gestalt, über dessen Oberfläche wenige feine Tracheen ziehen. Er beherbergt im Inneren eine rundliche, exzentrisch gelegene feste Masse von dunkler Farbe, während der übrige Inhalt flüssig und homogen ist. Das Epithel, nach der Leibeshöhle von einer Tunica begrenzt, setzt sich aus zylindrischen bis kubischen, mitunter 2-kernigen Zellen zusammen. Mit diesem Abschnitt hat der verdauende Teil des Darmes sein Ende erreicht. Es liegt hier nämlich der merkwürdige Fall vor, daß der Darm vollständig unterbrochen ist, eine Erscheinung, die unter den Heteropteren nur bei *Ischnodemus sabuleti* wiederzufinden ist. Eine ganz ähnliche Unterbrechung zeigt der Darmkanal bei der Coccide *Lepidosaphes*, und bei den Phylloxeriden endet er gleichfalls blind. Schließlich erinnern wir uns bei dem Vertreter einer anderen Insektenordnung, dem Ameisenlöwen, analoger Verhältnisse, die nicht so sehr überraschen, wenn wir bedenken, daß er infolge seiner räuberischen Lebensweise eine konzentrierte, wenig Rückstände hinterlassende Nahrung zu sich nimmt.

Auf solche Weise wird bei *Coptosoma* der übrige Mitteldarm isoliert und nicht mehr vom Nahrungsstrom berührt. Das nun folgende Stück dient vielmehr ausschließlich den Symbionten als Wohnstätte und in seinem Endteil zugleich als Übertragungsorgan. Schon äußerlich kommt das in der Gestalt und eigenartigen Gliederung zum Ausdruck. Den Anschluß an den blind verlaufenden „Vorderdarm" vermittelt allein die Tunica propria, die vom Blindsack *(BlS)* als dünner Faden zum Symbiontendarm herüberzieht. Dazu gesellen sich meistens ein bis zwei Tracheolen. Gleich zu Anfang des der Symbiose dienenden Darmteils begegnen wir einem kleinen blasenförmigen, oft auch länglichen bis ovalen Abschnitt *(Bl)*, der mit wenigen Einbuchtungen versehen ist und in einen kurzen verengten übergeht. An der Auskleidung dieser beiden farblosen Abschnitte sind flache Zellen mit chromatinreichen Kernen und vakuolisiertem Plasma beteiligt. Über die Bedeutung der beiden Abschnitte kann nur ausgesagt werden, daß ihr Lumen ebenso mit Symbionten gefüllt ist, wie der anschließende Kryptendarm *(KrD)* und die nachfolgenden Partien des Mitteldarms. An Länge übertrifft dieser zentrale Teil des symbiontischen Organs alle anderen bei weitem. Seine Endkrypten sind, wie von ähnlichen Darmsymbiosen schon bekannt ist, auch hier bedeutend voluminöser (Abb. 2), wie auch die reichliche Tracheenversorgung ein immer wiederkehrendes Merkmal symbiontischer Wohnstätten ist. Besonders hingewiesen sei auf die Regelmäßigkeit der Verzweigung der Tracheen, indem von einem oder mehreren den Kryptendarm in seiner ganzen Länge begleitenden Stämmen abwechselnd nach beiden Seiten Äste um die einzelnen Kammern gehen. Sämtliche Tracheen führen in ihren Matrixzellen ein rotbraunes Pigment.

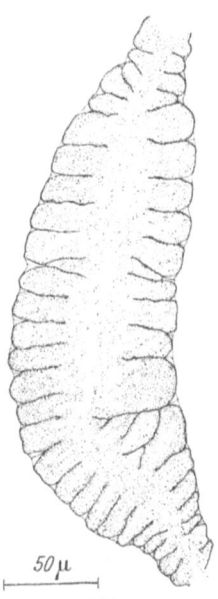

Abb. 2.
Coptosoma scutellatum GEOFFR., voluminöse Endkrypten.

Trotz dieser Übereinstimmung mit Trägern einer ähnlich gearteten Symbiose zeigen sich im feineren Bau des Kryptendarms wesentliche Abweichungen. Von den symbiontisch lebenden Wanzen mit zwei Reihen von Krypten wissen wir, daß die merkwürdige Gestalt ihres Mitteldarms durch zahlreiche, gleichmäßig angeordnete Ausstülpungen der Wandung zustande kommt. Obwohl die Ausbildung dieser Kammern bei den einzelnen Vertretern oft einen recht beträchtlichen Umfang annimmt, ist doch der Verlauf des eigentlichen Mitteldarms immer deutlich erkennbar, und im Schnittbild offenbaren sie ihren Zusammenhang mit dem Darmlumen stets durch einen mehr oder weniger engen Kanal. Ganz anders dagegen der Aufbau des Darmes bei *Coptosoma*. Auch hier findet sich

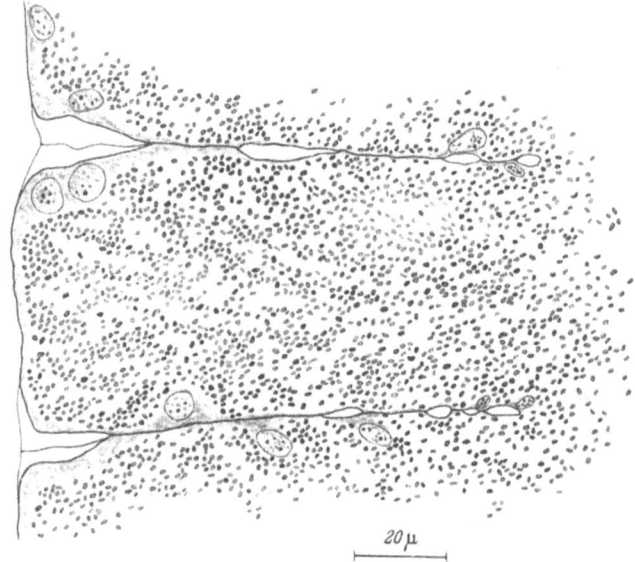

Abb. 3. *Coptosoma scutellatum* GEOFFR., Längsschnitt durch 2 halbe Krypten mit zahlreichen Infektionsstadien.

zunächst das typische Bild eines symbiontischen Organs mit zwei Kryptenreihen, das aber jetzt die gewohnte scharfe Trennung des eigentlichen Darmrohres und der Ausstülpungen vermissen läßt. Das mikroskopische Bild lehrt uns, daß es sich hier nicht eigentlich um Ausbuchtungen der Darmwand, sondern eher um das Ergebnis eines entgegengesetzten Vorganges, um eine Einstülpung handelt, was die larvale Entwicklung bestätigt. Das Darmrohr, in dem sich die Symbionten befinden, besitzt anfangs eine völlig glatte Oberfläche und beginnt sich erst später zu falten. Die Lagen des Epithels rücken dabei dicht aneinander und dringen weit in das Lumen vor.

Die histologische Beschaffenheit des Kryptendarmes bringt nichts wesentlich Neues. Ähnliche Verhältnisse fand schon KUSKOP (1924) bei *Pentatoma rufipes* L. und *Carpocoris fuscipinus* BOH.. Ihre Schilderung gilt auch für *Coptosoma*. Eine zarte Muskulatur, über die eine Tunica hinwegzieht, bedeckt den Kryptendarm und sendet Fibrillen in die meist kaum wahrnehmbaren Spalten, die durch die Wandungen benachbarter Krypten gebildet werden und in denen außerdem feine Tracheen verlaufen. Flache Zellen, die keine Grenzen mehr erkennen lassen, umsäumen die mit Symbionten gefüllten Kammern. Ihr feinkörniges Plasma ist von kleinen Vakuolen durchsetzt und scheint reichlich Sekret zu enthalten. Es liegt als dünner Belag der Wandung an und ist dort, wo die Epithelien aneinandergrenzen, besonders dünn ausgezogen, so daß die großen Kerne, deren chromatische Substanz fein verteilt ist, aus dem schmalen Saum als deutliche Erhebungen herausragen. Für die voluminösen Endkrypten trifft derselbe histologische Bau zu. Weder in der Struktur der Kerne noch des Plasmas sind Unterschiede zu bemerken (Abb. 3). Das letztere bildet lediglich an der freien, des Leibeshöhle zugekehrten Seite der Krypten eine stärkere Schicht als an den entsprechenden Stellen im vorderen Abschnitt, und im Lumen sind an die Stelle der bisher kugeligen Bakterien die kleineren kokkenförmigen Infektionsstadien des Symbionten getreten, unter denen sich viele Teilungsformen befinden.

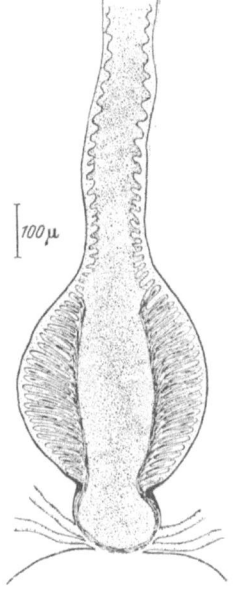

Abb. 4. *Coptosoma scutellatum* GEOFFR., Längsschnitt durch das Übertragungsorgan.

Mit dem abschließenden Teil *(MD$_2$* und *EBl)* des symbiontischen Organs wandelt sich die Gestalt des Darmes. Er bekommt wieder ein schlauchförmiges Aussehen. Auch diese Region des Darmes steht noch im Dienste der Symbiose, denn sie stellt ein ganz neuartiges Übertragungsorgan dar, das für die Infektion der Nachkommenschaft mit Symbionten zu sorgen hat.

Anatomisch gliedert sich der Endteil des symbiontischen Organs in einen schlauchförmigen Abschnitt *(MD$_2$)*, der nach einer kurzen Windung in eine Endblase *(EBl)* mündet. Nicht immer sind diese beiden Abschnitte so scharf gegeneinander abgesetzt, wie es die Abb. 1 wiedergibt; der vordere Teil ist mitunter am Ende etwas angeschwollen. Auf diese Weise kommt ein allmählicher Übergang zustande, und das Ganze erhält ein flaschenförmiges Aussehen. Diese beiden Abschnitte des symbiontischen Organs sind von höchst interessanter histologischer Beschaffenheit.

Der Aufbau des Endteils gleicht in gewisser Hinsicht dem Kryptendarm. Zwar kommt es hier nicht, wie oben erwähnt, zur Bildung seitlicher Krypten, doch weist das Epithel eine ähnliche, nur lockere Faltung auf, die sich über den ganzen Umfang des Darmes erstreckt. Diese Querfalten bleiben bei äußerlicher Betrachtung unbemerkt, da sich über die Epithelschicht eine starke Muskulatur hinwegzieht, die wie am Kryptendarm Fasern zwischen die beiden Zellagen je einer Falte abgibt.

Nur in günstigen Fällen wird diese Anordnung der Zellschicht sichtbar, besonders an der Endblase, und dann erscheint dieser kugelige Abschnitt wie von zahlreichen Ringen umgeben.

Im vorderen schlauchförmigen Abschnitt (MD_2) verläuft die Anordnung des Epithels mehr wellenartig (Abb. 4). Die einzelnen Falten, teilweise ein wenig nach oben gerichtet, sind untereinander nicht gleich gestaltet. Oftmals ist ihr distales Ende zu einer Kugel angeschwollen,

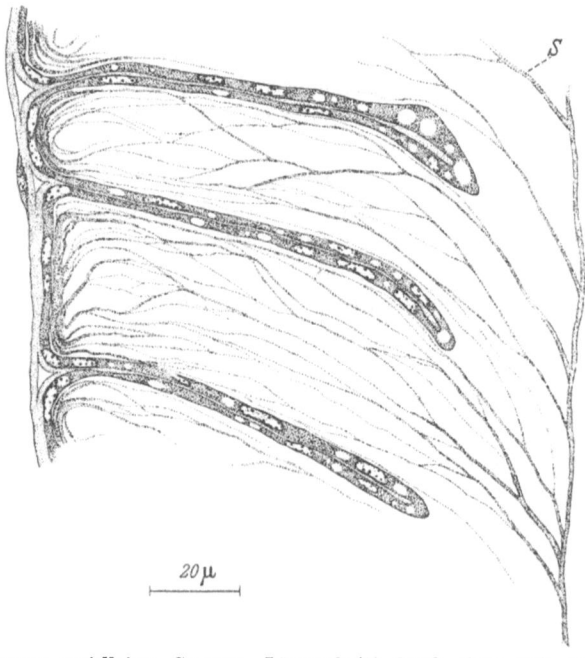

Abb. 5. *Coptosoma scutellatum* GEOFFR., Längsschnitt durch einen Teil der Endblase. *S* Sekretfäden.

ähnlich den zylindrischen Magenzellen, deren oberer Teil bisweilen ebenfalls kugelig aufgetrieben ist. Die Zellen des Epithels, die bedeutend stärker entwickelt sind als im Kryptendarm, enthalten Kerne mit gleichmäßig verteiltem Chromatin, und ihr feinkörniges, locker strukturiertes Plasma wird von Vakuolen verschiedener Größe durchsetzt. Dieser Abschnitt ist im Gegensatz zum Kryptendarm sekretorisch äußerst lebhaft tätig und scheidet eine stark eosinophile Substanz aus, die nicht allein die Oberfläche des Epithels bedeckt, sondern das ganze Lumen vollständig erfüllt. Mit ihr werden die Übertragungsformen des Symbionten, die, von den Endkrypten kommend, den Darm auch hier in dichten Mengen bevölkern, vollkommen durchsetzt. An Stellen, wo die Mikroorganismen nicht so eng lagern, sieht man das Sekret als feine, zum Teil fädige Masse zwischen ihnen verlaufen. Der Darm nimmt dabei an seinem Ende an

Beiträge zur Kenntnis der symbiontischen Einrichtungen der Heteropteren. 605

Umfang zu. Die Falten des Epithels werden länger und die Zellen zugleich flacher.

Den Abschluß des symbiontischen Organs bildet ein blasenförmig erweiterter Abschnitt, die Endblase *(EBl)*. In ihr reichen nun die Falten, dem vergrößerten Umfang entsprechend, noch weiter in das Lumen vor und sind an ihrem Ende leicht kugelig verdickt und sanft nach hinten, d. h. dem Rektum zu, geneigt. Im Längsschnitt betrachtet zeigt das Organ fast dieselbe Kammerbildung (Abb. 5) wie der Kryptendarm. Den stark abgeflachten, gleichmäßig starken Zellen hat sich die Gestalt der Kerne angepaßt, die als scheibenförmige Gebilde in dem flüssigkeitsreichen Plasma liegen. Das Epithel scheidet auch in diesem Abschnitt ein stark eosinophiles Sekret ab, das in langen Fäden aus den Kammern herauszieht, um sich als Hülle um den Bakterienbrei zu legen. Mittels der schon erwähnten reich entwickelten Muskulatur wird dieser rektalwärts befördert. Am Ausgang der Endblase befinden sich Ringmuskeln, die für die Trennung der zusammenhängenden Symbiontenmasse sorgen. Die abgeschnürten cystenartigen Portionen verlassen dann durch das Rektum den Körper des Weibchens.

Im männlichen Geschlecht ist der Darmtraktus insofern einfacher gestaltet, als der im Dienste der Übertragung stehende Endabschnitt des Mitteldarmes in Wegfall gekommen ist. Damit hat aber bei der Unterbrechung des Darmkanales eine direkte Verbindung des symbiontischen Organs mit dem Rektum ihren Sinn verloren, denn die Übertragung der Bakterien erfolgt nur im weiblichen Geschlecht. Am Übergang vom Mitteldarm zum Rektum hat somit folgerichtig eine nochmalige vollständige Durchschnürung stattgefunden. Der Kryptendarm ist hier abermals im männlichen Geschlecht verlötet und durch Tracheen mit seinem Ende seitlich dem Rektum verbunden (Abb. 6).

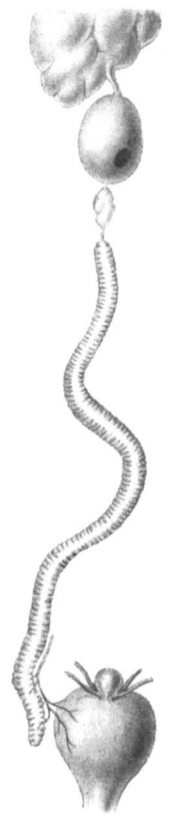

Abb. 6. *Coptosoma scutellatum* GEOFFR., Darmtraktus des Männchens nach dem Leben.

b) Die Übertragung der Symbionten auf die Eier.

Wohl selten sind unter symbiontenführenden Insekten Übertragung des pflanzlichen Partners und Eiablage in so eigenartiger Weise miteinander verknüpft wie bei *Coptosoma*.

Die Eier werden in zopfförmiger Anordnung auf den Fiederblättchen der Pflanze abgelegt (Abb. 7). Hin und wieder findet man ein Gelege, in dem diese Regelmäßigkeit gestört ist. Manchmal werden auch nur einzelne Eier abgelegt. Doch stellen diese Fälle keineswegs die Regel dar. Nach MICHALK (1935), welcher diese Ablage als horizontal-agglutiniert bezeichnet, findet sich diese Anordnung noch bei der Coreide *Chorosoma schillingi* SCHILL.. Zur Morphologie des Eies ist nicht viel zu sagen. Die Ausführungen MICHALKs können im wesentlichen bestätigt werden. Die Anzahl der Eier eines Geleges hat er mit 4—6 Stück etwas zu niedrig angegeben, da ihm wahrscheinlich bei seinen Beobachtungen wenig Material zur Verfügung stand. Gelege mit 7—10 Eiern sind keine Seltenheit. In zwei Fällen konnten sogar 12 Stück gezählt werden. Ein dickes Chorion schützt das Ei vor dem Vertrocknen. Außerdem weist seine Oberfläche besondere Strukturen auf, die nicht aus „Buckeln", wie MICHALK angibt, sondern aus Vertiefungen, aus eingedellten polygonalen Feldern bestehen. Sie erinnern sehr an das Bild, welches SCHOMANN (1937) von der Eischale von *Harpium mordax* gibt. Nur kommt in unserem Falle hinzu, daß die Kästchen und ihre erhabenen Ränder von kleinen Härchen besetzt sind und im Zentrum eines jeden Vielecks eine starke Borste entspringt, die weit über die Umfassung des Feldes hinausragt.

Abb. 7. *Coptosoma scutellatum* GEOFFR., Eigelege.

Die erwähnte Anordnung der Eier kommt folgendermaßen zustande. Das zuerst unruhig umherlaufende Weibchen verharrt plötzlich an einer Stelle. Bald darauf, nach einer ruckartigen Erschütterung des Abdomens, die offenbar von dem Eintritt eines Eies in den Eileiter oder dem Herabgleiten in letzterem herrührt, erscheint das Ei. Unter seitlichen Bewegungen des Hinterleibes gleitet es langsam heraus. Bevor aber das Ei die Genitalöffnung ganz verlassen hat, führt das Weibchen die Bewegungen des Abdomens, mit denen es den Legeakt unterstützt, nur noch nach einer Richtung aus. Die Folge ist, daß das Ei nicht in der Verlängerung der Mediane des Körpers zu liegen kommt, sondern eine schräge Lage erhält. Nach der Ablage bewegt sich das Tier etwas zurück. Das Abdomenende gleitet dabei an der Seite des Eies, welche der Wanze zugewendet ist, entlang bis fast zum hinteren Pol. Es scheint, als wenn bei diesem Zurückgehen die feinen Härchen, die die Analöffnung umsäumen, einen Berührungsreiz vermitteln. Nun erfolgt in der eben beschriebenen Weise das Absetzen des zweiten Eies, nur mit dem Unterschied, daß es nach der entgegengesetzten Seite herausgeschoben wird. Zeigt z. B. das erste Ei nach halblinks, so weist das folgende nach halbrechts. Beide Eier bilden einen Winkel miteinander, und in seinen Scheitel kehrt das Abdomen erneut zurück, wiederum unter ständig tastenden Bewegungen. Aus der Genauigkeit, mit welcher sich dieser Vorgang vollzieht, schließe ich, daß es dabei auf eine gleichmäßige Lage des Hinterleibes der Wanze zu den abgelegten Eiern ankommt. So unerklärlich diese Bemühungen des Weibchens zunächst erscheinen, so erhellt doch ihre Zweckmäßigkeit aus dem Folgenden, dem eigenartigsten Vorgang des ganzen Legeaktes zugleich. Das Weibchen drückt nämlich jetzt aus dem Enddarm an die Unterseite der Berührungsstelle der beiden Eier ein kleines, ebenfalls eiförmiges Gebilde von brauner Farbe. Die vorangegangenen Anstrengungen des Tieres finden auf diese Weise ihre Erklärung. Damit der ovale Pfropfen auch wirklich mit den Eiern in Berührung kommt, muß eben das Abdomen möglichst dicht herangebracht werden. Natürlich handelt es sich hierbei um die Abgabe der in der geschilderten Weise umhüllten Bakterienportionen.

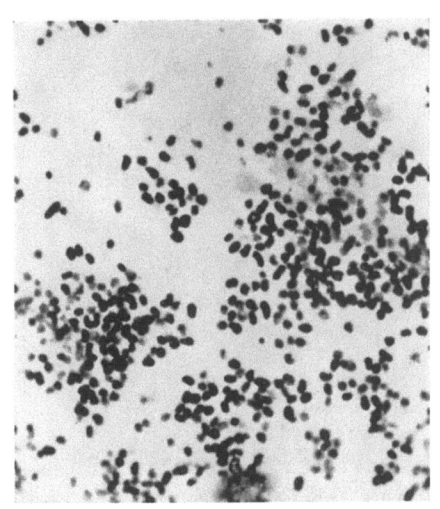

Abb. 8.
Coptosoma scutellatum GEOFFR., Ausstrich von Infektionsstadien aus dem Übertragungsorgan.

Sie sind mehr oder weniger eiförmig gestaltet, laufen an ihrem freien Ende oft in eine kleine Spitze aus und haften mittels Sekret an den Eiern. Die Hüllschicht ist anfangs glänzend, verliert aber bald nach der Ablage ihren Glanz und schrumpft in der Folge etwas, wodurch auf der Oberseite kleine Furchen entstehen. Im Inneren befindet sich der Bakterienbrei. Er ist braun gefärbt, von teigiger Beschaffenheit und läßt im Ausstrichpräparat wie im Schnittbild die bekannten kugelig bis ovalen Infektionsstadien des pflanzlichen Partners erkennen (Abb. 8). Der Legeakt nimmt nun seinen Fortgang. Das Weibchen bleibt zunächst in seiner Stellung. Nach einer kurzen Ruhepause bewegt es sich etwas vorwärts und das nächste Ei erscheint. Es wird in der schon bekannten Weise parallel zum ersten abgelegt. Ganz entsprechend verläuft die Ablage des vierten Eies, nur mit dem Unterschied, daß es wieder nach der entgegengesetzten Seite orientiert wird. Schließlich wiederholt sich auch das Anheften des Symbiontenpfropfens an die Unterseite der beiden Eier. So reiht sich nun Eipaar an Eipaar und allmählich kommt das zopfförmige Bild des *Coptosoma*-Geleges zustande. Jedes Eipaar erhält einen Bakterienpfropfen (Abb. 9, links). Der Vorgang findet nicht immer mit dieser Regelmäßigkeit statt. Es konnte dieser „Normalfall" nur dreimal beobachtet werden. Im allgemeinen ist die Zahl und Reihenfolge der eiförmigen Pakete schwankend. Auf den ersten Pfropfen nach dem zweiten Ei folgt der nächste manchmal erst nach dem sechsten Ei. Bei einem Gelege,

 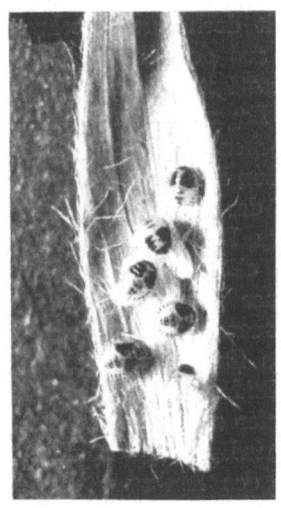

Abb. 9. *Coptosoma scutellatum* GEOFFR. Zwei Eigelege, das linke zeigt die Symbiontenpakete.

Abb. 10. *Coptosoma scutellatum* GEOFFR. Eigelege. 2 Larven noch an den Symbiontenpaketen saugend, die übrigen haben bereits das Gelege verlassen.

welches aus 10 Eiern bestand, waren sie nach dem dritten und vierten Eipaar zu vermissen; sie können jedoch auch am Anfang fehlen und zum Schluß beigegeben werden. Ein 5-Gelege besaß nur einen Pfropfen, der an Größe alle bisherigen übertraf und auch in seiner Lage von den übrigen abwich. Doch stellt wohl dieser Fall eine Ausnahme dar. Bei den Eiern, die man auf den Blättern als Einzelablagen findet, fehlt bisweilen das Symbiontenpaket. Es handelt sich dabei sicher um gestörte Ablagen.

Die Eier beginnen nun ihre Entwicklung durchzumachen. Sie schrumpfen in der Folge ein wenig, und auf ihrer Oberseite bilden sich zwei längliche Vertiefungen heraus. Nach ungefähr 14 Tagen heben sich die Embryonen schon deutlich ab, das Augenpigment schimmert hindurch, und bald ist auch die Zeit des Auskriechens gekommen. Währenddessen hat an der braunen Masse weder äußerlich — abgesehen von unbedeutenden Schrumpfungen — noch im Inneren, wie auf Schnitten durch Pfropfen verschiedenen Alters festgestellt wurde,

Beiträge zur Kenntnis der symbiontischen Einrichtungen der Heteropteren. 609

eine Veränderung stattgefunden. Mit Hilfe des Eizahns sprengen die Embryonen den Deckel und arbeiten sich allmählich heraus. In ungefähr 15—20 Min. ist das Auskriechen beendet. Die jungen unausgefärbten Larven haben ihren bisherigen Aufenthaltsort verlassen und beginnen, zunächst noch unsicher und etwas schwankend, auf dem Gelege langsam umherzuwandern. Bei genauerem Zusehen kann man nun feststellen, daß sie dabei Suchbewegungen ausführen, indem sie mit dem Rostrum

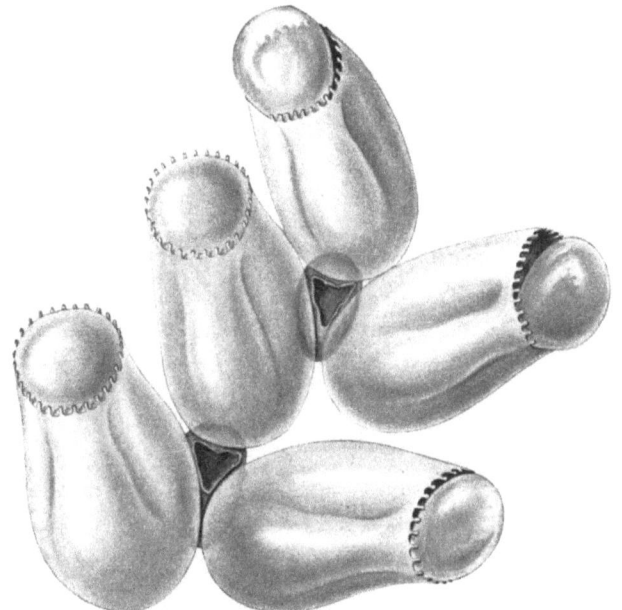

Abb. 11. *Coptosoma scutellatum* GEOFFR., Gelege, von dem die Larven während des Saugens entfernt wurden. Die Einstichstelle in den Symbiontenpaketen deutlich erkennbar.

die Eioberfläche abtasten. Oft gleiten sie mit ihrem Rüssel an der Außenseite der Eier entlang, vor allem aber stechen sie in den Räumen zwischen den einzelnen Eiern in die Tiefe, dort wo die Bakterienpakete liegen. Diese Bemühungen setzen sie eine geraume Zeit fort, bis sie schließlich über einem solchen mit nach unten gerichtetem Rostrum sitzen bleiben und offenbar zu saugen beginnen (Abb. 10). Bei ihrer versteckten Lage kann dieser Vorgang nicht ganz einwandfrei beobachtet werden. Die Larven verweilen ziemlich lange auf den Eiern. Es wurden Zeiten von 30 Min. bis $1^{1}/_{2}$ Stunden festgestellt. Anschließend entfernen sie sich von dem Ort ihrer Tätigkeit, verlassen das Gelege, und verharren unweit davon in Ruhe. Die sofortige Untersuchung eines von den jungen Wanzen verlassenen Geleges brachte die Bestätigung meiner Vermutung. Die Bakterienpakete waren ausgesaugt und nur die Hüllen übrig geblieben. Abb. 11 zeigt ein Gelege, von dem die Larven während des Saugens entfernt wurden. Die Einstichstelle am Symbiontenpfropfen ist deutlich erkennbar.

Dieser Übertragungsmodus, der wohl unter allen Symbiosen einzig dasteht, ist ebenso originell wie die Übertragungsweise bei den Donaciinen (STAMMER 1935). Besonders eigenartig wirkt die in einem bestimmten Rhythmus erfolgende Abgabe der Symbiontenmasse, wodurch sich dieser Prozeß wesentlich von einer gewöhnlichen Beschmierung

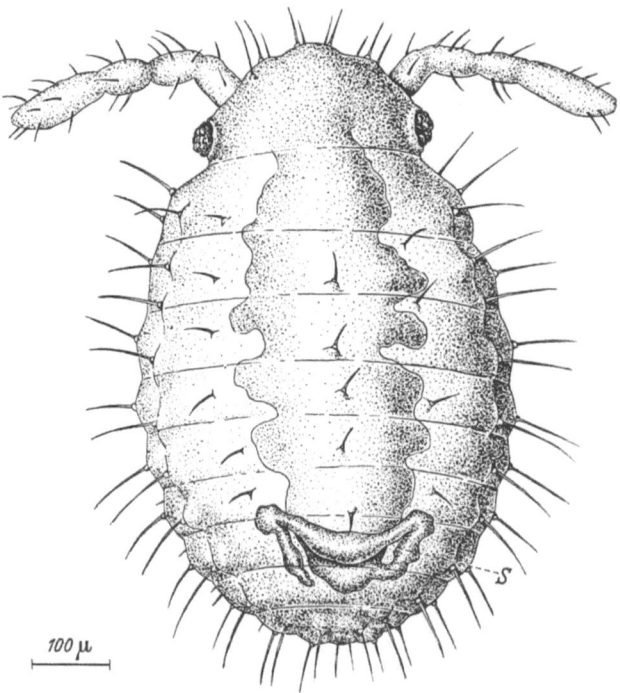

Abb. 12. *Coptosoma scutellatum* GEOFFR., 1. Larve mit symbiontischem Organ (*S*).

unterscheidet. Bei letzterer handelt es sich wohl stets um einen rein passiven Vorgang. Entweder drücken die Eier im Vorbeigleiten auf das Beschmierorgan und pressen dabei aus ihm die Symbionten heraus, die dann die Oberfläche verunreinigen (BUCHNER, SCHOMANN, STAMMER, ROSENKRANZ), oder aber, wo ein solches fehlt, enthält das Rektum ungeheure Mengen von Bakterien, so daß die Beschmierung der Eier trotzdem zustande kommt. Bei *Coptosoma* aber ist die Absetzung der Pakete sowie ihr Aussaugen von komplizierten Instinkthandlungen des Muttertieres bzw. der Junglarven begleitet. Liegt bei anderen Heteropteren eine unregelmäßige Beschmierung der Eischalen vor, so verhalten sich diese ganz ähnlich. Dies konnte neuerdings ROSENKRANZ bei den Larven von *Palomena prasina* L. beobachten und damit erstmalig die wahre Ursache der schon lange bekannten „Ruhezeit" der Pentatomidenlarven aufdecken.

c) Die symbiontischen Einrichtungen der jungen Larve.

Es gilt nun das Schicksal der Symbionten in der Junglarve zu ermitteln. Nachdem sie Pharynx und Oesophagus passiert haben, gelangen sie in den mit Dotter gefüllten Mitteldarm. Hier verweilen sie aber nicht, sondern durchsetzen — passiv durch die Peristaltik des Darmes bewegt — rasch die Dottermassen und streben dem hinteren Ausgang zu, wo bereits während der Embryonalentwicklung ihre definitive Wohnstätte in Form eines sich anschließenden, engen, rotbraun pigmentierten Darmrohres angelegt worden ist, dessen Verlauf Abb. 12 wiedergibt. Dieser hintere Mitteldarmabschnitt ist frei von Dotter, enthält dagegen ein Sekret, und in ihm finden wir die Bakterien dicht angehäuft wieder (Abb. 13). Die im Dotter zurückgebliebenen Symbionten gehen unter Degenerationserscheinungen zugrunde. Die weitere Entwicklung der Symbiontenwohnstätte geht überraschend schnell vor sich, und schon auf frühem Larvenstadium ist der endgültige Zustand erreicht. Die Symbionten müssen ihrem bereitgestellten Aufenthaltsort schon deshalb rasch zugeführt werden, weil mit der Resorption des Dotters zugleich die Umgestaltung des vorderen Mitteldarmabschnittes und seine Abschnürung vom Kryptendarm einsetzt.

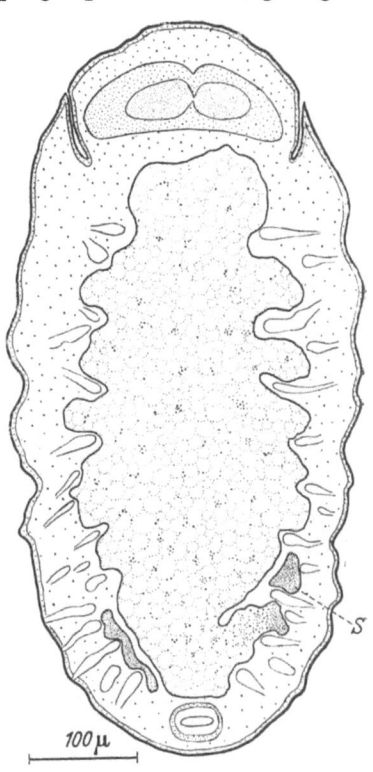

Abb. 13.
Coptosoma scutellatum GEOFFR.,
1. Larve Frontalschnitt, Bakterien im symbiontischen Organ (*S*).

Bemerkenswert ist ferner die Tatsache, daß die voluminösen Endkrypten im weiblichen Geschlecht bereits im dritten Larvenstadium vorhanden sind. Nach KUSKOP sollen sie erst zur Zeit der Eiablage diese Anschwellung erfahren. Aber schon ROSENKRANZ, welcher die Verhältnisse bei *Pentatoma rufipes* L. genauer verfolgte, bestätigte diese Behauptung nicht. Der Darmtraktus zeigt zunächst noch eine geringe Entwicklung der beiden letzten Abschnitte des symbiontischen Organs, die zusammen als schmales, flaschenförmiges Gebilde dem Kryptendarm anhängen; sie erlangen ihre vollständige Ausbildung erst in der Imago.

Abschließend sei noch einiges über die Tracht der Larven gesagt. Die Jugendstadien von *Coptosoma* gleichen in der Körperform im wesentlichen der *Imago*; in der Färbung verhalten sie sich dagegen völlig abweichend. Die erwachsenen Tiere sind, wie schon erwähnt, in beiden Geschlechtern vollkommen schwarz mit einem grünlichen oder bläulichen Schimmer, während die Larven eine helle Färbung besitzen, die bei den jungen Formen einen bräunlichen Ton trägt. Außerdem ist der stark behaarte Körper diffus rotbraun pigmentiert. Auf der Dorsalseite des Abdomens verlaufen ein schmaler und zwei breite, schwarzbraune, kurze Querstreifen. Von gleicher Farbe sind auch die seitlichen Partien des Thorax und bei älteren Larven die Flügelstummel.

d) Die Symbionten.

Die symbiontischen Bakterien von *Coptosoma* weisen einen interessanten Gestaltswechsel auf. Solche zyklische Wandlungen der pflanzlichen Mikroorganismen, die im engsten Zusammenhang mit dem Alter, Entwicklungsstadium und Geschlecht ihrer Wirte stehen, sind ja in jüngster Zeit schon von einer Reihe von Objekten bekannt geworden.

Die Übertragungsstadien haben wie die meisten Infektionsformen geringe Größe. ROSENKRANZ fand bei der nahe verwandten Pentatomide *Eurygaster maura* L., daß ihre Bakterien während der Übertragung in Form und Größe weitgehend mit denen von *Coptosoma* übereinstimmen. Hier wie dort handelt es sich um Kokken, nur zeichnen sich unsere durch den Besitz eines stark lichtbrechenden chromatischen Kornes aus, was besonders bei Lebendbeobachtung deutlich zu sehen ist. Auf gefärbten Ausstrichen tritt es weniger in Erscheinung, da die Symbionten ein starkes Tinktionsvermögen besitzen. Wie die Abb. 8 zeigt, erfolgt die Vermehrung der $0{,}8$—$2{,}0\,\mu$ großen Bakterien, die zur Zeit der Geschlechtsreife und Eiablage besonders reichlich ist, auf dem Wege der Durchschnürung. Ihren ständigen Wohnsitz bilden wie bei fast allen Trägern einer gleichen Darmsymbiose die voluminösen Endkrypten. Die Insassen des übrigen Kryptendarms einschließlich des kleinen blasenartigen Abschnittes am Anfang des symbiontischen Organs unterscheiden sich nicht so sehr in der Form als in der Größe von den Infektionsstadien. Die Mehrzahl besitzt ebenfalls kugelige Gestalt von ungefähr $2{,}5\,\mu$ Durchmesser. Daneben kommen auch blasig aufgetriebene, wurstförmige Symbionten bis zu $3{,}5\,\mu$ Länge vor, die, wie aus Abb. 14 zu ersehen ist, zum Teil in Auflösung begriffen sind. Mit dem fortschreitenden Zerfall verbindet sich eine deutliche Abnahme der Färbbarkeit mit Giemsa und Karbolfuchsin. Nach der Aufnahme der Kokken durch die jungen Larven machen sich bei den Symbionten bald die ersten Anzeichen einer Veränderung bemerkbar. Sie nehmen an Umfang zu und erreichen zur Zeit der ersten Häutung der Wanze eine Größe von ungefähr $2{,}5\,\mu$. Gleichzeitig geht ein Teil in Streckung über und wächst zu kurzen, dicken

Schläuchen aus, von denen viele hufeisenförmig gebogen sind. Auf diesem Stadium beginnt nun die Wandlung der Symbionten verschiedene Wege einzuschlagen je nachdem, ob sich die Larve zu einem männlichen oder weiblichen Tier entwickelt. Entsteht ein Weibchen, so liegen die Dinge insofern einfacher, als die Bakterien keinen so wesentlichen Wechsel ihrer Gestalt erleiden wie beim Männchen. Das symbiontische Organ enthält die oben beschriebenen Formen, und in den voluminösen Endkrypten bilden sich später die bekannten Übertragungsstadien heraus. Die kugeligen Symbionten strecken sich und nehmen eine längliche Form an. Aus ihnen gehen auf dem Wege der Teilung die Infektionsformen hervor. Führt dagegen die larvale Entwicklung zum Männchen, dann unterliegen die Insassen des Kryptendarmes einer tiefgreifenden Umwandlung. Die gekrümmten schlauchförmigen Mikroorganismen spitzen sich jetzt zu, vorerst an einem Ende, später auch am anderen Ende, so daß sie ein mondsichelähnliches Aussehen bekommen. Auf Ausstrichen färben sie sich gut mit Karbolfuchsin. Besondere Strukturen lassen sich an ihnen nicht erkennen. Die Bakterien wachsen nun immer mehr in die Länge, wobei sich ihr Durchmesser allmählich verringert, und bilden schließlich lange Fäden. Vor-

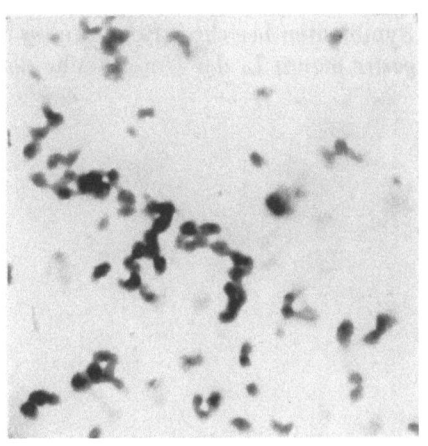

Abb. 14. *Coptosoma scutellatum* GEOFFR., Symbiontenausstrich aus dem vorderen Kryptendarm eines Weibchens.

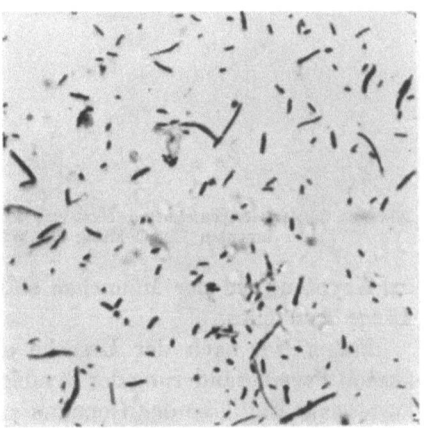

Abb. 15. *Coptosoma scutellatum* GEOFFR., Symbionten aus dem Kryptendarm eines Männchens.

übergehend entstehen dabei Gebilde von ganz charakteristischem Aussehen, die wir wohl am besten mit Lanzenspitzen vergleichen können. Hierauf kommt es zur Gliederung der Fäden, und mit dem Zerfall dieser Elemente erreicht dann die Entwicklung ihren Abschluß. Die Länge der einzelnen Fragmente schwankt zwischen 0,7 und 16 μ. In diesen Ausmaßen finden sich die Symbionten auch im männlichen

Kryptendarm der *Imago* wieder (Abb. 15). Die kurzen Stäbchen können dabei zu größeren heranwachsen, während die langen Stücke häufig wieder in Teilung übergehen. Abb. 16 gibt noch einmal den symbiontischen Zyklus wieder. Von einem gleichen Dimorphismus der Symbionten berichtet ROSENKRANZ bei *Podops inuncta* F., die wie *Eurygaster maura* L. der Unterfamilie der Scutellarinen angehört, und wo er

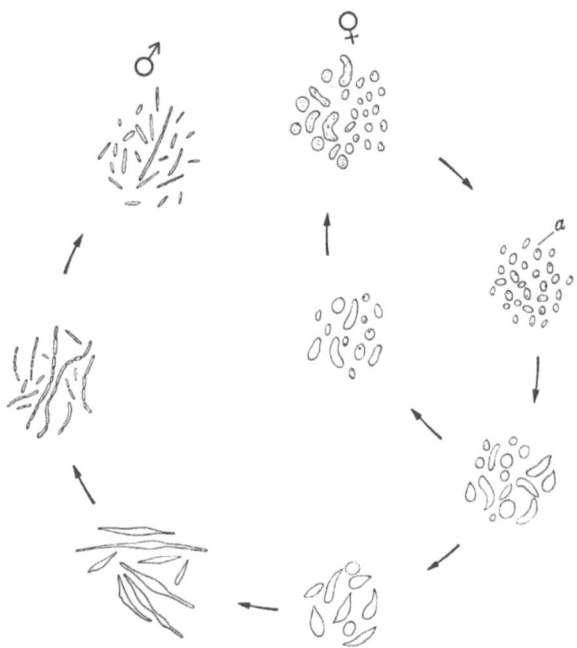

Abb. 16. *Coptosoma scutellatum* GEOFFR., Formenwandel des Symbionten während der larvalen Entwicklung des Wirtes (*a* Infektionsformen).

im Kryptendarm der Männchen stäbchenförmige Bakterien bis zu $12\,\mu$ Länge feststellte.

Fragen wir nach der Ursache dieser eigenartigen geschlechtsspezifischen Formveränderung der Symbionten, so liegt es natürlich nahe, an hormonale Einflüsse der Gonaden zu denken. Auch KOCH (1931) führt die Vielgestaltigkeit der Bakterien bei *Oryzaephilus surinamensis* L. auf solche Einflüsse zurück.

e) Symbiontenfreie Larven.

Die Eliminierung des pflanzlichen Partners eines symbiontischen Systems ist in den letzten Jahren mehrfach mit Erfolg durchgeführt worden. Man hat teils auf operativem Wege, teils durch Anwendung extremer Temperaturen, chemischer Agenzien oder durch Änderung der Ernährung die Ausschaltung der Symbionten erreichen können.

In *Coptosoma*, wie überhaupt in allen Heteropteren, bei denen die Erblichkeit der Symbiose durch Beschmierung der Eier gesichert ist, bieten sich der experimentellen Forschung neue, ausgezeichnete Objekte, die einmal den Vorzug der leichten Beschaffung haben, was besonders für die Pentatomiden unter den Wanzen gilt, sich außerdem aber auch mühelos züchten lassen und ohne weiteres die Gewinnung steriler Tiere gestatten. Die Isolierung der Bakterien bei *Coptosoma* gestaltet sich äußerst einfach, indem man von den abgelegten Eiern die Symbiontenpakete beseitigt, während bei den Pentatomiden der Zeitpunkt des Auskriechens der Larven abgewartet werden muß, um diese dann sofort vom Gelege zu entfernen. Dem Experimentator eröffnet sich damit ein neues Betätigungsfeld. Die bisher unter den Insekten vorgenommenen Versuche zur Ausschaltung des Symbiontenbestandes und Aufzucht des sterilen Partners sind in der Hauptsache an Vorrats- und Speicherschädlingen, d. h. an cerealienfressenden sowie an blutsaugenden Tieren durchgeführt worden. Völlig unberücksichtigt geblieben ist bis jetzt die Gruppe der pflanzensaftsaugenden Insekten, obwohl gerade unter ihnen ein so überaus großer Teil in Gemeinschaft mit pflanzlichen Mikroorganismen lebt. Die Übertragungsweise vieler heteropterer Wanzen schafft nun die Möglichkeit, auch diese Insektenfamilien in den Kreis der Untersuchungen mit einzubeziehen. Nicht nur die Entfernung der Symbionten, sondern auch die Einführung anderer Mikroorganismen oder auf künstlichen Nährböden gezüchteter arteigener Symbionten kann durchgeführt und an sterilen Tieren die Möglichkeit eines Ersatzes durch wuchsstoffreiche Kost geprüft werden.

Meine ersten orientierenden Versuche ergaben, daß die jungen Larven nach Entfernung der Symbiontenpakete, wie erwartet, die Eier alsbald nach den Symbionten abtasten. Nach einer Weile erfolglosen Bemühens entfernen sie sich von den leeren Eischalen, um sich in ihrer Nähe auf dem Blatt festzusetzen. Damit ist der Suchtrieb der Tiere offenbar erloschen; denn als ich nach ungefähr 4 Stunden und tags darauf die Larven noch einmal auf ein symbiontenhaltiges Gelege brachte, machten sie keine Anstalten mehr, nach den Bakterien zu suchen, sondern verließen bald wieder die Eier. Die jungen Larven vermögen eben Gelege und Symbionten nur in einer ganz bestimmten Situation, in unmittelbarem Anschluß an das Schlüpfen, wahrzunehmen; später sind sie nicht mehr dazu fähig.

Der Verlust der Symbionten machte sich in dem späteren Leben der Larven durch schwere Schädigungen des Organismus deutlich bemerkbar. Die Lebensfähigkeit begann zu sinken. Die Bewegungen der Tiere erfolgten immer langsamer. Schließlich wurden die Wanzen so schwach, daß sie sich nur mit Mühe auf den Blättchen bewegen konnten. Die meisten starben nach 6—9tägiger Lebensdauer noch vor der ersten Häutung. Nur in einem einzigen Falle gelang es, eine sterile Larve $5^1/_2$ Wochen am Leben zu halten. Sie häutete sich während dieser Zeit 2mal und blieb in ihrer Größe etwas hinter den normalen gleichaltrigen Larven zurück. Besonders auffällig zeigten sich die Folgen des Symbiontenausfalls bei der histologischen Prüfung der Gewebe. Der Fettkörper hatte sich nur ganz spärlich entwickeln können. Auch die Hypodermis, die im normalen Tier einen verhältnismäßig breiten Saum bildet, ließ eine schwächere Ausbildung erkennen. Die Zellen der MALPIGHIschen Gefäße erwiesen sich vakuolisiert und enthielten wenig Exkrete. Dagegen war das Epithel des Darmkanals weniger in Mitleidenschaft gezogen, obwohl sich auch hier an den Kernen teilweise pyknotische Veränderungen bemerkbar machten. Im Lumen selbst konnte an manchen Stellen wider Erwarten viel Nahrungsbrei festgestellt werden, der aber in seinem Aussehen gar nicht den gewohnten Anblick bot. Große verklumpte Massen von gelber Farbe, die — soweit es auf Schnittpräparaten überhaupt möglich ist, den Zustand des Darmsaftes zu beurteilen — einen unverdauten Eindruck machten. Im ganzen ergab sich schließlich das Bild eines geschädigten Organismus, dessen Störungen, wie schon ASCHNER und RIES an sterilen Kleiderläusen konstatierten, den Erscheinungen einer Avitaminose nicht unähnlich sind[1].

Die Symbiose von Ischnodemus sabuleti Fall.

a) Lage und Bau der Mycetome in der Imago.

Ischnodemus sabuleti FALL. gehört zur Familie der Lygaeiden und bildet mit *Dimorphopterus spinolai* SIGN. die einzigen in Mitteleuropa vorkommenden Arten der Subfamilie der Blissinen. Von *Dimorphopterus spinolai* lag mir leider kein Exemplar vor; sie lebt vorwiegend auf Dünensand an *Calamagrostis*.

Die Wohnstätte der Symbionten stellen bei *Ischnodemus* zwei Mycetome dar. Sie liegen beiderseits im Abdomen der Hypodermis dicht an und bestehen aus je einem geschlossenen, längsverlaufenden Gewebestrang von mehr oder weniger walzenförmiger Gestalt (Abb. 17). Im männlichen Geschlecht ist das Organ etwas schmäler. Da ihnen jedes Pigment fehlt, können sie im Leben nur schwer von dem umgebenden, gleichfalls farblosen Fettgewebe unterschieden werden. Man muß schon recht achtsam präparieren, wenn man die Organe freilegen will, zumal sie obendrein sehr zart gebaut sind. Allein ihr glasiges Aussehen gibt uns einen gewissen Anhalt. Sie zeigen in dieser Hinsicht Übereinstimmung mit den symbiontischen Organen von *Cimex lectularius* L. An drei Stellen, im vorderen, mittleren und hinteren Abschnitt weisen sie je

---

[1] Inzwischen sind von H. J. MÜLLER ausgedehnte Versuche an sterilen Coptosomen angestellt worden, die jedenfalls bereits eindeutig schwere Schädigung, gesteigerte Sterblichkeit und Verzögerung der Entwicklung erkennen lassen. (Näheres hierzu bei P. BUCHNER. Symbiose und Anpassung. Nova Acta Leopoldina. Halle 1940.)

ein kleines fensterartiges Loch auf, das von dorsoventralen Muskelbündeln durchzogen wird. Die Oberfläche bedeckt ein feines Epithel, über das ein reich verästeltes Tracheennetz zieht, dessen Ausläufer sich auch in das Innere der symbiontischen Organe fortsetzen. Ein gemeinsamer Tracheenstamm stellt eine Verbindung mit den Geschlechtsdrüsen her.

Mit zunehmender Reife der Tiere werden die symbiontischen Organe durch die immer mehr Platz beanspruchenden Gonaden in ihrer Form etwas verändert. Sie erfahren im Bereiche der Ovariolen bzw. Hoden eine Abflachung und weichen dem dorsalen Druck nach der Körpermitte zu aus.

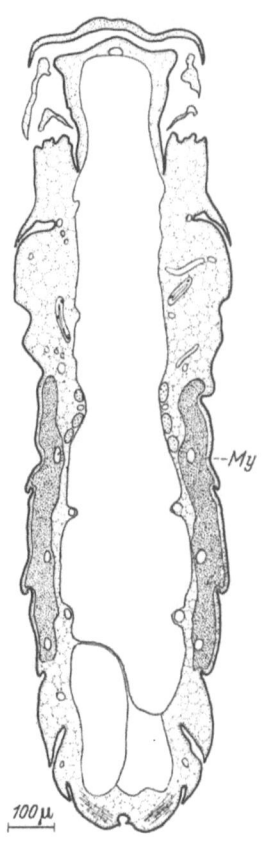

Abb. 17. *Ischnodemus sabuleti* Fall., Frontalschnitt einer jungen weiblichen *Imago* (*My* Mycetome).

Die Mycetome bestehen aus einer großen Zahl Syncytien, die sich nicht immer deutlich gegeneinander abgrenzen. Plasmastrukturen sind kaum wahrzunehmen, da der ganze Raum von Symbionten erfüllt ist, die in dichten Paketen zusammenliegen. Inmitten dieser Bakterienmasse befinden sich chromatinreiche Kerne, von denen neben rundlichen Formen auch solche mit recht bizarrer Gestalt vorkommen. Sie erinnern sehr an die von BUCHNER (1925) bei verschiedenen Zikaden und von KOCH (1937) bei *Lyctus linearis* beschriebenen Kernformen. Durchsetzt wird der gesamte Inhalt oft von Vakuolen.

Die Bewohner der symbiontischen Organe sind außerordentlich pleomorphe Bakterien, was besonders bei der Betrachtung der Ovarialsymbionten und teilweise auch während der Embryonalentwicklung deutlich wird. Eine regelmäßige zyklische Veränderung in Abhängigkeit von dem Alter, Entwicklungsstadium oder dem Geschlecht des Wirtes konnte jedoch hier nicht festgestellt werden. In den imaginalen Mycetomen sind die Symbionten in der Mehrzahl schlauchförmig. Ihr Plasma ist zart, leicht granuliert und sehr gut mit Hämalaun färbbar. Daneben finden sich auch rundliche und schwächer färbbare. Gelegentlich beobachtet man im Mycetom große kugelige Bezirke, die sich durch ihre helle Färbung von den übrigen Teilen abheben und bei geringer Vergrößerung den Eindruck eines Fremdkörpers machen. Sie zeigen sich reichlich vakuolisiert und enthalten aufgetriebene Bakterien in lockerer Anordnung. Solche lokale Entartungen kennt man auch von den Mycetomen anderer Objekte. Die normalen Symbionten dagegen weisen eine schlanke Gestalt auf und schwanken in der Länge zwischen 4 und 7 μ (Abb. 18). Meist sind sie paarweise vereint, etwas gekrümmt oder u-förmig gebogen, was aber aus Schnittpräparaten ebensowenig zu ersehen ist wie ihre Neigung zur Kettenbildung. Solche Reihen setzen sich gewöhnlich aus 3—5 Bakterien zusammen. Sie können bisweilen eine außerordentliche Länge erreichen und geradezu fädigen Charakter annehmen (Abb. 19).

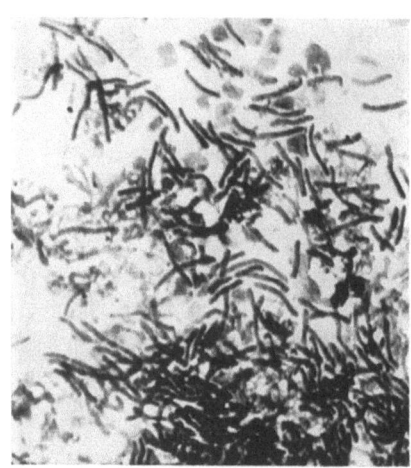

Abb. 18. *Ischnodemus sabuleti* FALL., Bakterien aus dem Mycetom eines Weibchens.

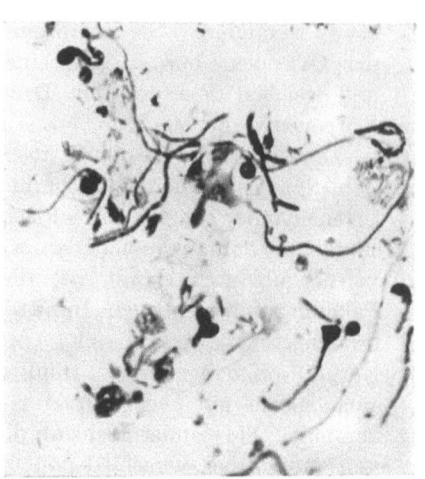

Abb. 19. *Ischnodemus sabuleti* FALL., Bakterienausstrich vom symbiontischen Organ eines Weibchens.

Neben diesen ständigen Bewohnern der Mycetome finden wir auf Ausstrichen oft recht kleine, kaum über $1/2\,\mu$ große kokken- bis stäbchenförmige Mikroorganismen. Es dürfte sich um Begleitformen handeln, wie sie vor allem von ASCHNER bei Pupiparen ähnlich gefunden wurden.

b) Die erbliche Übertragung der Symbionten.

Bisher waren unter den Heteropteren lediglich die Bettwanzen als Mycetomträger bekannt (BUCHNER); nachdem nun bei *Ischnodemus sabuleti* FALL. ganz ähnliche Einrichtungen gefunden wurden, war auch eine entsprechende Übertragungsweise zu erwarten. Tatsächlich findet sich der von BUCHNER bei der Bettwanze aufgezeigte Weg der Ovarialeiinfektion in gleicher Weise bei *Ischnodemus* verwirklicht. Allerdings bleibt bei *Cimex* der Zeitpunkt des Eindringens der Bakterien in die Geschlechtszellen noch ungeklärt. Bei *Ischnodemus* liegt er auf einem sehr frühen Stadium. Noch während der Embryonalentwicklung vollzieht sich die Infektion der Keimdrüsen. Die beiden Mycetomhälften geraten mit dem Absinken in die seitlichen Partien des Abdomens in unmittelbare Berührung mit den Gonaden, wo dann ein unmittelbarer Übertritt der Symbionten erfolgt. Da ich zugleich Stadien beobachtete, deren Gonadenanlage keine Bakterien beherbergen, nehme ich an, daß nur bei den Embryonen eine Besiedlung der Keimzellen stattfindet, die sich zu Weibchen entwickeln. Auch auf frühen Larvenstadien, wo die histologische Differenzierung der Geschlechtsdrüsen noch keine einwandfreie Unterscheidung in männliche und weibliche Tiere gestattet, begegnen

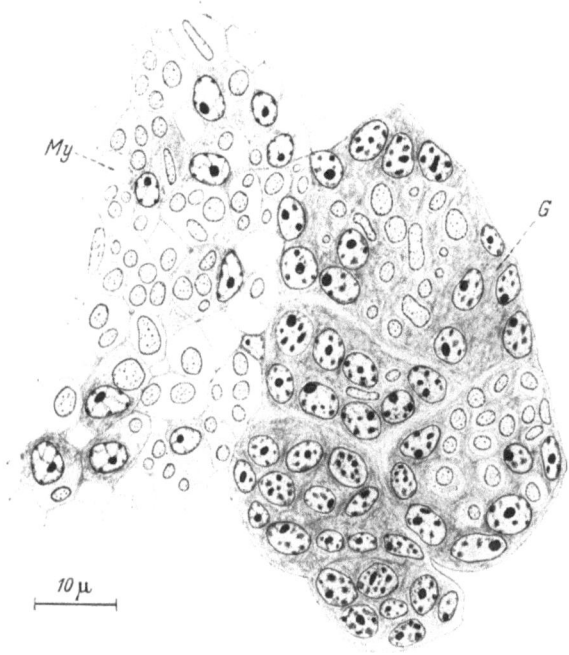

Abb. 20. *Ischnodemus sabuleti* FALL., Embryo, Infektion der Geschlechtszellen (*G*). *My* Mycetom.

wir immer wieder Individuen mit bakterienfreien Gonaden. In ihnen haben wir ohne Zweifel männliche Larven vor uns.

Die infizierenden Symbionten verteilen sich nach dem Eindringen in die Geschlechtsorgane wahllos über das noch einheitliche Zellmaterial (Abb. 20). Sie liegen in Vakuolen eingebettet zwischen den zahlreichen Kernen, deren chromatische Substanz in Schollen angeordnet ist. Ihre Leiber sind bisweilen so mächtig aufgetrieben, daß sie Kerngröße erreichen. Die Insassen der benachbarten Mycetome bieten den gleichen Anblick. Dieser Zustand ändert sich aber bald. In den jungen Larven nehmen die Bakterien wieder regelmäßige, lange Schlauchform an, um gegen Ende der Larvenzeit erneut ihre außerordentlich labile Natur zu offenbaren (Abb. 21). In den Ovarien von Tieren dieses Alters ist eine deutliche Infektion der Nährzellen zu erkennen. Es gibt fast kein Gebiet im Bereich dieser Zellen, ausgenommen einen schmalen Sektor kleiner

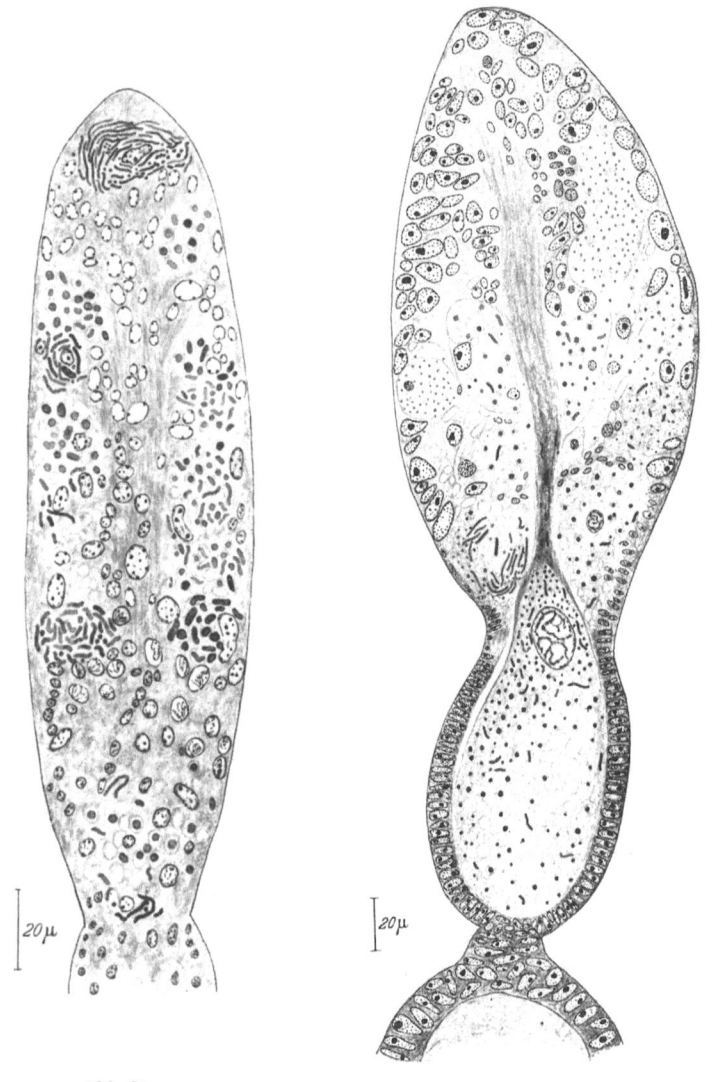

Abb. 21. Abb. 22.
Abb. 21. *Ischnodemus sabuleti* FALL., Ovar einer 5. Larve.
Abb. 22. *Ischnodemus sabuleti* FALL., Endkammer einer Ovariole. Nährzellen, zentrale Faserbahnen und Ovocyten mit Symbionten infiziert.

Nährzellen am distalen Ende der Ovariole und den faserig differenzierten Teil im Zentrum, von dem die Bakterien nicht Besitz ergriffen hätten. Durch die Anwesenheit der Bakterien hat die Struktur dieses Gewebes

Beiträge zur Kenntnis der symbiontischen Einrichtungen der Heteropteren. 621

eine völlige Änderung erfahren. Das ehemals dichte Plasma erscheint stark aufgelockert und von zahlreichen Hohlräumen erfüllt, in denen die sich vermehrenden Symbionten in Nestern beisammenliegen. Alle Übergänge von langen dünnen Schläuchen bis zu voluminösen kugeligen Formen sind zu finden. Diese außerordentliche Wandelbarkeit der Bewohner beschränkt sich nicht allein auf ihre Gestalt, sondern kommt auch in ihrem Tinktionsvermögen zum Ausdruck.

An die Zone der Nährzellen schließt sich basalwärts ein Abschnitt junger Ovocyten an, unter denen viele Bukettstadien zu bemerken sind, die jedoch noch keine Verbindung mit den Nährzellen besitzen. Bei genauer Prüfung dieser Zellen machte ich die Feststellung, daß die BUCHNERsche Beobachtung der Infektion junger, noch nicht an den Nährstrang angeschlossener Ovocyten bei *Cimex lectularius* auch für *Ischnodemus* zutrifft. Man begegnet nämlich Eizellen, deren Plasma schon einige Symbionten beherbergt. Eine konstante Besiedlung ist allerdings nicht zu erkennen.

Auch in älteren Eiröhren liegen die Symbionten, in der Mehrzahl von kugeliger Gestalt und äußerst schwacher Färbbarkeit, in großer Menge im Nährzellplasma verteilt. Nur am oberen Pol des Germariums und seitlich etwas herabreichend findet sich ein kleiner nicht infizierter Abschnitt (Abb. 22). Mit dem Sekretstrom der Nährstränge werden die Bakterien jetzt den Eizellen zugeführt. Zur Ausbildung besonderer Infektionsformen kommt es dabei nicht. Sie breiten sich zunächst über das ganze Ei aus und treten dabei in solchen Massen in Erscheinung, daß vom Ovoplasma wenig zu sehen ist. Eine derartige Anhäufung von Symbionten in jungen Eiern ist schon mehrfach beobachtet worden. BUCHNER (1928), LILIENSTERN (1933) und NOLTE (1937) beschreiben ähnliche Zustände. Diese Überfüllung, die nicht allein auf eine erhöhte Einwanderung von Mikroorganismen aus der Nährkammer, sondern gleichzeitig auf eine rege Vermehrung innerhalb der Ovocyten zurückzuführen ist, währt nur kurze Zeit. Bald darauf nimmt das Eiplasma in der Region des hinteren Pols an Menge zu. Die Symbionten finden sich überwiegend in der vorderen Hälfte des Eies, um nachher mit der einsetzenden Dotterbildung allmählich nach dem hinteren Pol verlagert zu werden, wo sie im legereifen Ei einen schmalen Raum zwischen Dotter und Eioberfläche einnehmen.

c) Die Genese der Mycetome.

Entsprechend der Ähnlichkeit, die sich in der Übertragung der Symbionten auf die Nachkommen zwischen *Ischnodemus* und *Cimex* ergeben hat, bietet nun auch die Embryonalentwicklung der beiden Heteropteren im Hinblick auf die Bildung der symbiontischen Organe weitgehende Übereinstimmung. Im abgelegten Ei von *Ischnodemus* liegen die Bakterien in lockerer Anordnung in Form einer Kalotte unter der Oberfläche am hinteren Pol. Vereinzelt besiedeln sie auch die Räume zwischen den angrenzenden Dotterschollen (Abb. 23a). Die Gestalt der Symbionten ist schlauchförmig, und das Plasma enthält viele mit HEIDENHAIN färbbare Granula. Hier und da treten auch kugelige Formen unter den Symbionten auf. Wenn nun die Furchungszellen zur Bildung

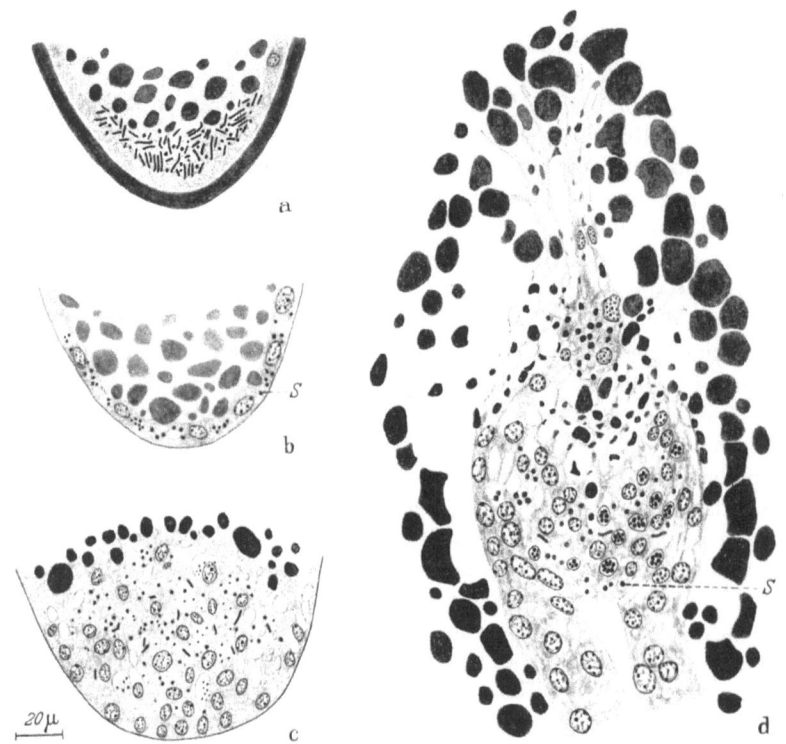

Abb. 23a—d. Entstehung der Mycetome bei *Ischnodemus sabuleti* FALL. a Abgelegtes Ei, Bakterien am hinteren Pol, b Blastodermstadium mit infizierten Zellen, c erste Mycetomanlage am hinteren Pol, d oberes Ende des Keimstreifs mit Mycetomanlage und Plasmastrahlung (*S* Symbionten).

des Blastoderms an die Eioberfläche steigen, durchsetzen sie am hinteren Pol notwendig die Infektionsmasse und beladen sich dabei mit Symbionten. Ein Teil der Furchungskerne bleibt im Dotter zurück. Das nun entstehende Blastoderm bietet zunächst kein einheitliches Bild. Besonders am hinteren Pol sind die Zellen stark abgeplattet, weit auseinander gezogen und stark vakuolisiert. Teils in den Hohlräumen und teils im lockeren Randplasma sowie in den plasmatischen Bezirken zwischen Blastoderm und Dotter finden wir die Symbionten wieder (Abb. 23b). Sie haben sich jetzt vollkommen verändert und besitzen überhaupt keine Ähnlichkeit mehr mit typischen Bakterien. Ihr Zelleib ist kreisrund und mächtig aufgetrieben. Sie sehen wie gequollen aus und sind ebenfalls stark granuliert. Derartig hypertrophierte Formen konnte ich schon in den imaginalen Mycetomen und während der Infektion der Geschlechtszellen beobachten.

Das folgende Stadium der Entwicklung setzt mit einer lebhaften Vermehrung der Zellen am hinteren Pol ein, die von einer solchen ihrer Insassen begleitet wird. Irgendwelche Veränderungen im Habitus der Symbionten sind bei diesen Vorgängen nicht zu bemerken. Die Infektionszone wird mehrschichtig und wölbt sich hügelförmig in das Eiinnere vor. Das Ergebnis ist ein Komplex von Zellen, der sich durch die starke Vakuolisation seines Plasmas deutlich von dem umgebenden einschichtigen Blastoderm sondert und in einem Teil seiner zahlreichen Hohlräume die Bakterien beherbergt. Er stellt die erste Anlage der Mycetome dar (Abb. 23c). In seinem Bereich vollzieht sich nun die Invagination des Keimstreifs. Die seitliche Orientierung der Einstülpungsstelle, die ich auf meinen Schnitten beobachtete — frühe Stadien der Invagination standen mir leider nicht zur Verfügung, da dieser Vorgang ziemlich rasch abläuft — ist wahrscheinlich ein sekundärer Zustand. Bei der Bettwanze liegt nach BUCHNER die Einstülpungsstelle anfangs ,,genau in der Mitte des Blastodermhügels'' und erfährt erst später eine seitliche Verlagerung. In Anbetracht der großen Ähnlichkeit, die in der Bildung der symbiontischen Einrichtungen zwischen den beiden Objekten besteht, kann man wohl annehmen, daß sich *Ischnodemus* ebenso verhält.

Mit dem weiteren Vordringen des Keimstreifs wird die Mycetomanlage immer mehr in das Eiinnere verlagert. Als Abschluß der Amnionhöhle gegen den Dotter ruht die Infektionsmasse gleichsam wie in einer Schüssel am oberen Ende des Keimstreifs, seitlich von sterilen Zellen des Keimstreifs bzw. Amnions umgeben. Über ihr hat sich indessen eine eigenartige plasmatische Strahlung entwickelt. Im Zentrum dieser in der Längsrichtung des Eies verlaufenden Figur liegen neben vielen Dotterpartikelchen mehrere chromatinreiche Kerne (Abb. 23d). Solche eigentümliche Plasmastrahlungen sind mehrfach auf entsprechenden Stadien bei Symbionten führenden Insekten gefunden worden (RIES bei Pedikuliden, H. J. MÜLLER bei Zikaden, WALCZUCH bei *Orthezia*). Dabei ist auffällig, daß die plasmatische Strahlung immer in Verbindung mit dem Transport der Mycetomanlage auftritt. Bei anderen nicht in Symbiose lebenden Insekten ist sie bisher noch nicht beobachtet worden. Vielleicht kommt ihr allgemeine Bedeutung insofern zu, als sie nicht allein ,,das eigentliche lokomotorische Zentrum der Keimstreifverlagerung'' (RIES 1931) darstellt, sondern auch eine wichtige Rolle bei der Ablösung der Mycetomanlage zu spielen hat.

Über die Bakterien ist auf diesem Stadium nicht viel zu sagen. Sie haben sich in ihrem Aussehen und färberischen Verhalten kaum geändert. Bemerkenswert ist lediglich, daß neben den aufgeblähten Symbionten jetzt wieder solche von wurstförmiger Gestalt in größerer Zahl vorkommen. Der Keimstreif wächst stärker heran und schiebt sich immer mehr nach dem vorderen Eipol vor. Sein anfangs gradliniger Verlauf erfährt dabei allmählich eine S-förmige Krümmung. Am Mycetom ist bis auf das häufige Auftreten normal gestalteter Symbionten keine wesentliche Änderung eingetreten. Es hat noch immer seine ursprüngliche Lage am vorderen Keimstreifende inne. Wenn die Invagination ungefähr das vordere Eidrittel erreicht, biegt der Keimstreif plötzlich um und wächst auf der

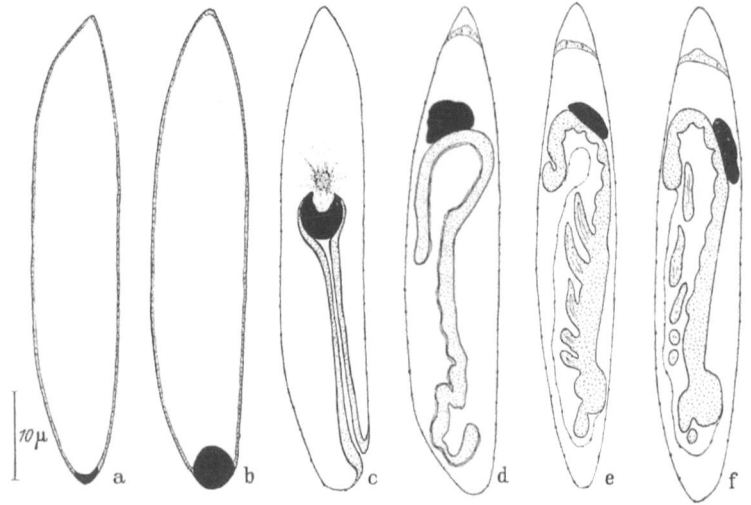

Abb. 24a—b. *Ischnodemus sabuleti* FALL. Die Entwicklung des Mycetoms während der Embryonalentwicklung (etwas schematisiert).

anderen Seite der Einstülpungsstelle wieder ein Stück nach hinten. Die S-förmige Krümmung tritt immer stärker hervor. Jetzt ist auch der Zeitpunkt für wichtige Veränderungen im Bereiche der Infektionsmasse gekommen. Schon während des Umbiegens beginnt sich der Zusammenhang zwischen Keimstreif und Mycetomanlage zu lockern, und wenige Zeit später löst sich das embryonale Mycetom vollständig ab. Die Plasmastrahlung degeneriert. Das symbiontische Organ nimmt allmählich kugelige Form an und hat von nun ab keinen Anteil mehr an den weiteren embryologischen Vorgängen. Es liegt als isoliertes Gebilde im Dotter in der Nähe des oberen Pols. Seine Insassen besitzen wieder ihre ursprüngliche schlauchförmige Gestalt. Sie vermehren sich lebhaft und lagern in Haufen um die chromatinreichen Kerne der primären Mycetocyten. Inzwischen hat sich auch das untere Blatt abgesondert. Hintere und vordere Amnionfalte sind einander entgegengewachsen und haben die Amnionhöhle geschlossen, wobei die letztere durch den Druck des angrenzenden Dotters stark zusammengepreßt worden ist. Noch vor

Beendigung des Längenwachstums deutet sich bereits die Segmentation des Keimstreifs an. Im Verlaufe der weiteren Entwicklung treten die Extremitätenanlagen mehr hervor. Der Kopf beginnt sich herauszubilden und Stomodaeum sowie Proctodaeum stülpen sich ein. Während dieser Prozesse finden auch am Mycetom wichtige Veränderungen statt. Die kugelige Form wird aufgegeben. Das symbiontische Organ flacht sich ab und nimmt brotlaibähnliche Gestalt an. Im Anschluß daran beginnt es, dorsalwärts vom Keim herabzusinken und sich gleichzeitig zu durchschnüren. Die beiden Hälften kommen zwischen die Hypodermis und den in der Entstehung begriffenen Mitteldarm zu liegen und haben damit noch vor der Umrollung des Embryos ihren definitiven Ort erreicht. In Verbindung mit diesen topographischen Veränderungen wandelt sich auch das innere Bild des Mycetoms. Die Vermehrungstätigkeit seiner Bewohner hält unvermindert an. Die Zellen füllen sich immer mehr mit Symbionten, wodurch sie ihre mitotische Teilungsfähigkeit verlieren. Die Kerne zerschnüren sich nur noch amitotisch, ohne daß ein entsprechender Vorgang des Plasmas folgt. Gleichzeitig setzt ein gesteigertes Wachstum der Zellen ein, ein Zustand, der auch in den Larven anhält und den endgültigen cytologischen Charakter der symbiontischen Organe allmählich deutlicher in Erscheinung treten läßt. Die Symbionten haben sich inzwischen immer stärker vermehrt, so daß die Mycetocyten infolge der Überlastung syncytial verschmelzen. Damit ist der definitive Zustand des Mycetoms erreicht. Die Abb. 24a—f geben in schematischer Darstellung die wichtigsten Entwicklungsphasen des symbiontischen Organs wieder.

Die symbiontischen Einrichtungen der Gattung Nysius DALL.

a) Die Mycetome.

Der Typus des paarigen Mycetoms, wie er sich bei *Ischnodemus sabuleti* findet, kehrt in der Gattung *Nysius* DALL. der gleichen Familie wieder. Die Wohnstätten der Symbionten liegen hier ebenfalls im Abdomen in unmittelbarer Nachbarschaft der Keimdrüsen. Beide verbindet im weiblichen Geschlecht ein Netzwerk von Tracheen, das mit seinen zahlreichen Verästelungen besonders die Gonaden umhüllt. Bei den Männchen ist die Berührung mit den Hoden noch enger. Die Mycetome schmiegen sich hier der nach außen schauenden Seite der Geschlechtsorgane dicht an. Diese gegenseitigen Lagebeziehungen sind bei allen Arten der Gattung, soweit ich sie untersuchen konnte, dieselben. Geringe Unterschiede bestehen nur in der Form und im Bau der symbiontischen Organe. Es sind langgestreckte, pigmentierte Gebilde, die im juvenilen Weibchen fast die Länge des Ovars erreichen. Dorsoventral verlaufende Muskelzüge im Wirtstier erzeugen an beiden Rändern leichte Einbuchtungen, was vielfach zu einem hantelförmigen Aussehen der Mycetome führt. In einem einzigen Fall, bei *Nysius thymi* WLFF., beobachtete ich eine völlige Durchschnürung der beiden Mycetome. In der beschriebenen äußeren Gestalt gleichen sich die symbiontischen Einrichtungen von *Nysius punctipennis* H. S., *N. thymi* WLFF. und *N. lineolatus* COSTA, während bei *N. senecionis* SCHILL. der Habitus der Mycetome gedrungener, oval bis nierenförmig ist.

Der histologische Aufbau der Organe bietet das gewohnte Bild: ein zartes kernreiches Epithel umhüllt eine Anzahl großer Mycetocyten, zwischen denen sich feine Tracheen ausbreiten. Ihre Kerne sind sehr chromatinreich und von beträchtlicher Größe, im allgemeinen rundlich; nur bei *N. senecionis* sind sie unregelmäßig polygonal gestaltet. Das Wirtsplasma, durch die Masse der Symbionten verdrängt, hat sich vor allem auf eine unscheinbare Schicht längs des Zellrandes zurückgezogen (Abb. 25). Von dieser Anordnung weicht allein *N. thymi* ab, die mit dem syncytialen Bau ihrer symbiontischen Wohnstätten eine Sonderstellung einnimmt.

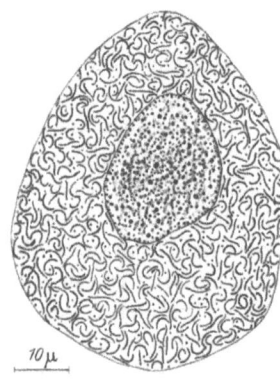

Abb. 25. *Nysius punctipennis* H.S., Mycetocyte.

Die Mycetome sind zumeist intensiv gefärbt. Es handelt sich dabei um ein rotes Pigment, das in den Mycetocyten in Gestalt unregelmäßig geformter Farbkörnchen zwischen den Symbionten lagert. In den peripheren Partien der Zellen findet es sich gewöhnlich stärker angehäuft als im Zentrum. Von gleichem Farbton ist das Pigment der Tracheen. Als Träger dieses Farbstoffes erweisen sich die Tracheenmatrixzellen, in denen die Pigmentgranula reihenweise und mitunter dicht gedrängt zusammenliegen. Sie treten, den Tracheen folgend, überall im Heteropterenkörper auf, am dichtesten im Bereich der Geschlechtsorgane. Besonders die Hoden erscheinen dann gleichmäßig rot pigmentiert. Diese Verteilung der Farbkörnchen gilt jedoch nicht für sämtliche untersuchten Arten der Gattung. Obwohl die Beobachtung nur an Sommertieren erfolgte, die auch während der Untersuchung an demselben Ort gehalten wurden, fehlte die lebhafte Färbung der Tracheen sehr oft bei *Nysius thymi*, während sie bei den übrigen Arten ständig vorhanden war. Was die Intensität der Pigmentierung anbetrifft, so steht *Nysius punctipennis* an der Spitze. Die Färbung der Tracheen erreicht im weiblichen Geschlecht bisweilen einen solchen Grad, daß die Gonaden gleichsam von einem roten Mantel umkleidet sind.

Zur Untersuchung der chemischen Natur dieser Pigmente wurden zerkleinerte Mycetome von *Nysius thymi* verwendet, an denen die Wirkung der von HUEK angegebenen Reagenzien geprüft wurde. Konzentrierte Säuren und Laugen zerstören das Pigment. Schwefel- und Salzsäure sowie Kalilauge hinterlassen eine Gelb-, Salpetersäure eine

Braunfärbung. Kaliumbichromatlösung führt zu einer ganz geringen, Wasserstoffsuperoxyd (30%) zu einer vollkommenen Entfärbung der Mycetomteile. TURNBULLs Blau als Reagens auf Eisen und LUGOLsche Flüssigkeit, eine Lösung von Jod in Jodkalium, verändern den Farbstoff nicht, wie auch die Lösungsmittel Alkohol, Benzol und Chloroform keine merkbaren Wirkungen hervorrufen. Charakteristisch ist die Argentaffinität des Pigments, indem es durch Einwirkung von Silbernitratlösung innerhalb 10 Minuten vollständig geschwärzt wird. Sie gibt neben der Unlöslichkeit und Bleichbarkeit einen Hinweis für die Zugehörigkeit zu einer bestimmten Gruppe von Farbstoffen, den Melaninen. Das Fehlen eines der wichtigsten Kennzeichen dieser Farbstoffe — außerordentliche Widerstandsfähigkeit gegen Säuren und Laugen — hindert uns allerdings, das *Nysius*-Pigment mit echtem Melanin zu identifizieren. Allem Anschein nach handelt es sich um Melaninvorstufen. In dieser Ansicht wird man auch durch den roten Farbton des Pigments bestärkt, von dem RIES (1938) sagt, daß er „wahrscheinlich die noch nicht sicher bekannten Bildungsstufen des Melanins, wohl vor allem Chinone" kennzeichnet. ROSENKRANZ, welcher ähnliche Untersuchungen an den Pigmenten von *Pentatoma rufipes* L., *Aphrophora salicina* GZE. und *Philaenus spumarius* L. angestellt hat, kommt in der Beurteilung des chemischen Charakters dieser Pigmente zu gleichen Ergebnissen. Auch hinsichtlich der Intensität der Pigmentierung ließen sich die von KUSKOP an *Carpocoris fuscipinus* BOH. und von ROSENKRANZ an *Pentatoma rufipes* L. gemachten Feststellungen der Abhängigkeit der Farbintensität von der jeweils herrschenden Temperatur bestätigen. Bei Tieren, die im Spätherbst und im Winter gefangen wurden, zeigten die Mycetome weniger Pigment als während der heißen Sommermonate. Vor allem war in der kalten Jahreszeit das Tracheenpigment stark reduziert, in vielen Fällen sogar völlig verschwunden.

b) Die Übertragung der Symbionten.

Die Symbionten werden in der Gattung *Nysius* durch die Eizellen auf die Nachkommen des Wirtes vererbt. Die Infektion der Ovocyten erfolgt jedoch nach einem von Ischnodemus abweichenden Modus. Zur Darlegung der Übertragung sei zunächst auf die Morphologie und Histologie der weiblichen Geschlechtsorgane eingegangen.

Jedes Ovar setzt sich aus 7 Eiröhren zusammen, die im juvenilen Weibchen noch kurze, gleichmäßig dicke Schläuche darstellen, aber allmählich zu langen, perlschnurartig gegliederten Röhren auswachsen. Kopfwärts gehen sie in die Endkammer über, die etwas oberhalb der Übergangsstelle eine merkwürdige, pigmentierte Zone aufweist (Abb. 26). Sie umgibt gürtelförmig den Endkolben und ist wie die Mycetome rot gefärbt, eine Übereinstimmung, die sich auch auf das mikrochemische Verhalten der beiden Farbstoffe bezieht. Allerdings findet sich dieser Pigmentring nicht bei sämtlichen Arten. Am deutlichsten ist er bei

Nysius senecionis und *N. thymi* ausgebildet, während er bei *Nysius lineolatus* weniger hervortritt und bei *N. punctipennis* ganz fehlt. Dafür enthalten gerade bei der letzten Art die Tracheen besonders im Bereiche der Gonaden um so mehr Farbstoff. Die nähere Untersuchung dieser interessanten Zone ergab, daß sie eng mit den Symbionten verknüpft ist:

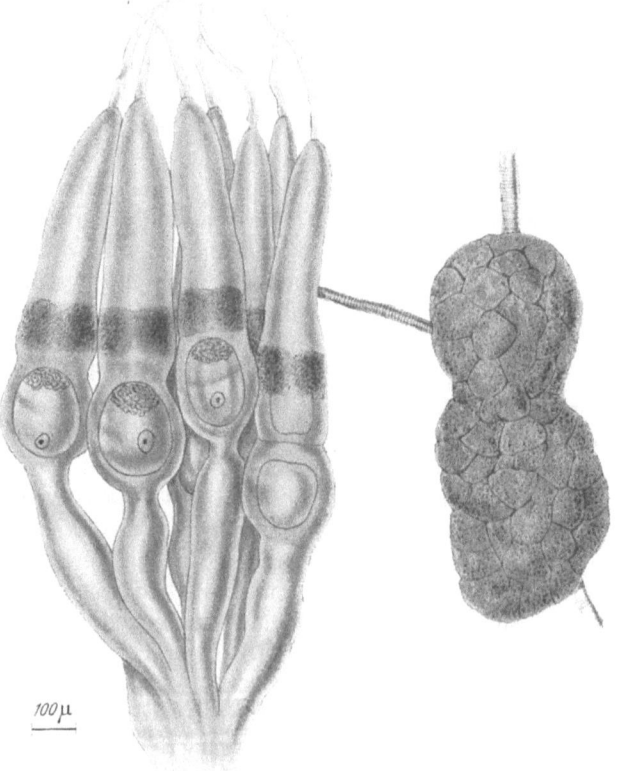

Abb. 26. *Nysius senecionis* SCHILL., Ovar mit pigmentierter Infektionszone und Mycetom. (Die Tracheen sind zum größten Teil entfernt.) Symbiontenballen am oberen Eipol sichtbar.

sie zeigt nämlich in der Ovariole den Sitz der Mikroorganismen an, in deren Zellen das Pigment lokalisiert ist. Man darf wohl auch hier in einem gesteigerten Stoffwechsel die Ursache der Farbstoffanhäufung sehen. In dieser Ansicht bestärkt uns vor allem das Fehlen der Pigmentzone bei weiblichen Tieren von *Nysius senecionis*, die während des Winters gefangen wurden. Ich konnte ferner bei dieser Gelegenheit beobachten, daß ein Teil der Farbkörnchen aus der Pigmentzone in das junge Ei übertritt, was sehr gut mit der Feststellung von ROSENKRANZ harmoniert, wonach bei *Philaenus spumarius* L. das an die Symbionten gebundene

Pigment gleich nach der Eiablage als „ein äußerlich sichtbarer roter Punkt im Ei auftritt und auch während der weiteren Entwicklung des Eies erhalten bleibt".

Die Nährkammer bleibt in diesem Fall steril, ebenso die anschließende sehr flache Zone mit jungen Ovocyten, die ringförmig um die hier austretenden Nährstränge angeordnet sind. Auf sie folgt dann das pigmentierte Gebiet, in dem eine Art Ovarialmycetom untergebracht ist (Abb. 27). Der Abschnitt ist 4 bis 5 Zellen hoch, die locker gelagerten, vielfach syncytial verschmolzenen Mycetocyten enthalten einen bläschenförmigen Kern mit wandständigem Chromatin. Zwischen sie drängen sich überall kleine Follikelelemente. Sinken dann die heranwachsenden Ovocyten in dieses Gebiet herab, so treten von einem gewissen Zeitpunkte an die Bakterien unmittelbar, also ohne Verwendung der Nährstränge in diese über. Einen ähnlichen Fall kennt man von den Zikaden (MÜLLER 1939). Bei *Fulgora europaea* L. liegt in ganz entsprechender Weise unter der Nährkammer einer jeden Eiröhre ein Mycetom, das allerdings hier in rudimentärer Form auftritt, während es bei der brasilianischen Verwandten dieser Art noch funktionstüchtig ist.

Der Zustrom erfolgt vorwiegend am vorderen Pol und hält dabei so lange an, bis das Ei die Infektionszone passiert hat.

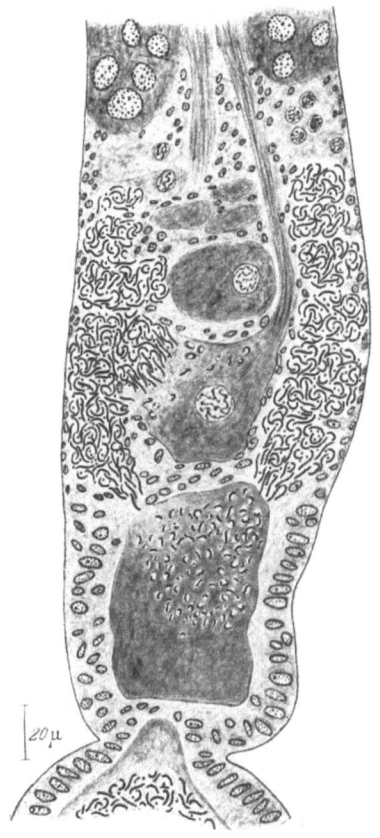

Abb. 27. *Nysius senecionis* SCHILL., Längsschnitt durch den unteren Teil der Endkammer einer Ovariole.

Die Symbionten, von denen jeder bei seinem Übertritt in eine Vakuole eingeschlossen wird, verbreiten sich allmählich fast über das ganze Ei und werden erst später mit zunehmender Dotterbildung im Bereich des vorderen Poles zu einem dichten rundlichen Ballen zusammengedrängt (Abb. 28).

c) Die Symbionten.

Die Gleichheit im Habitus der symbiontischen Einrichtungen bei den Angehörigen der Gattung *Nysius* DALL. kommt nicht zuletzt in der gleichen Gestalt ihrer Bewohner zum Ausdruck. Betrachten wir eine lebende Mycetocyte, so stellen sich die Symbionten als ein lockeres Geflecht von schlauchförmigen Bakterien dar, unter denen sich viele gekrümmte und u-förmig gebogene befinden. Nach dem Zerzupfen der Zelle erkennt man, daß die Insassen häufig paarweise zusammenhängen oder mehrere zu einer Kette vereint sind. Sie vermehren sich demnach durch Querteilung und bleiben nach erfolgter Durchschnürung noch einige Zeit zusammen. Die Länge der Symbionten ist dabei verschieden;

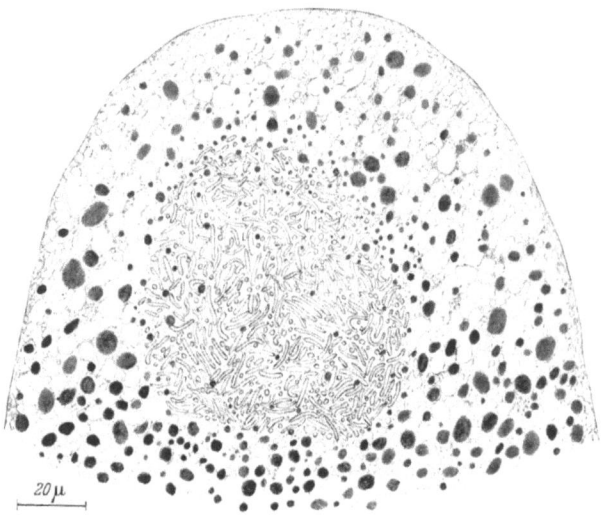

Abb. 28. *Nysius punctipennis* H.S., abgelegtes Ei, Symbiontenballen am vorderen Pol.

sie schwankt zwischen 3 und 11 μ. Ihr homogenes Plasma färbt sich sowohl mit Hämalaun als auch mit Giemsa sehr gut und gleichmäßig. Granuläre Einschlüsse wurden selten beobachtet.

Außer den Symbionten finden sich bei allen untersuchten Arten noch zarte, schlanke, oft auch gebogene Kurzstäbchen, die regelmäßig, aber nicht mit konstanter Infektionsstärke auftreten. Beide Bakteriensorten lassen sich im Leben wie auf gefärbten Ausstrichen ohne Schwierigkeit unterscheiden (Abb. 29). Dagegen ist es unmöglich, die kleinen Bakterien auf Schnittpräparaten mit Sicherheit zu identifizieren, da sie nur sehr wenig Farbstoff aufnehmen und da auch räumlich keine Sonderung der beiden Bewohner in den Mycetomen zu erkennen ist. Ich glaubte zunächst, in beiden Bakterientypen Zustände ein und derselben Form vor mir zu haben. Der Umstand, daß man diese kleinen Formen auf allen Stadien des Wirtes wiederfindet, spricht jedoch gegen eine Identität der beiden Insassen. So kommen die kleinen Bakterien außer in den symbiontischen Organen noch in den Ovarien vor, wo sie mit den Symbionten auf die Eier übergehen. Allerdings ist das Auffinden dieser zarten Stäbchen nicht ganz leicht, da immer nur wenige übertragen werden. Sie finden sich infolgedessen auch in den larvalen Mycetomen. Vermittelnde Übergangsformen aber fehlen durchaus. Daher ist mit Sicherheit anzunehmen, daß es sich hier um akzessorische Symbionten handelt, wie solche ja auch sonst mehrfach zur Beobachtung gelangten. So besitzen z. B. viele Pupiparen und Zikaden Begleitsymbionten. Auch unter den sonstigen symbiontisch lebenden heteropteren Wanzen fehlen sie nicht. BUCHNER erwähnt bei *Cimex lectularius* L. das Vorkommen von Bakterien im Fettgewebe. Höchstwahrscheinlich sind auch dies solche Mitläufer. Ich selbst konnte ihr Auftreten außer in der Gattung *Nysius* auch bei *Ischnodemus sabuleti* beobachten. In der Gattung *Nysius*, wo ich die Vorgänge genauer verfolgte, ist das Verhältnis zwischen Wirt und Begleitsymbiont noch sehr unausgeglichen. Obgleich der akzessorische Symbiont regelmäßig auftritt, unterliegt er hinsichtlich der Vermehrung starken Schwankungen. Auf Abb. 29 erscheint er

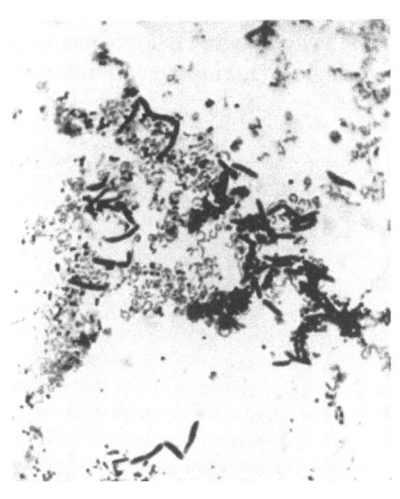

Abb. 29. *Nysius thymi* WLFF., Bakterien aus dem Mycetom eines Weibchens.

besonders zahlreich. Ich habe auch Fälle beobachtet, in denen er in weit geringerer Zahl aufgetreten ist.

Die Symbiose von *Ischnorrhynchus resedae* Pz.

Bei der Präparation dieser kleinen zarten Heteroptere wird die Aufmerksamkeit auf ein traubenförmiges Organ von roter Farbe gelenkt. Es ist das Mycetom der Wanze, das zumeist mit dem Vorderende an der dorsalen Magenwand haftet und in der Längsrichtung des Körpers verläuft (Abb. 30). Mitunter fehlt auch diese engere Lagebeziehung zum Darm ganz. Aus der medianen Lage kann es auch je nach der Lage des Magens mehr nach einer Seite gedrängt werden.

Die Wohnstätte der Symbionten ist aus einer Anzahl von großen zweikernigen Mycetocyten zusammengesetzt und von einem dünnwandigen Epithel umgeben, das auch Zellen ins Innere sendet. Die runden Mycetocytenkerne sind stets sehr chromatinreich. Der übrige Zellraum wird vollkommen von dem Geflecht der Symbionten eingenommen, so daß vom Wirtsplasma nichts zu sehen ist. Zerzupft man dieses Gewirr, dann erscheinen die Mikroorganismen in beiden Geschlechtern als lange, miteinander verfilzte und zum Teil verzweigte fädige Bakterien, die, wie Abb. 31 wiedergibt, durch Fragmentierung in 2—8 μ lange Bruchstücke zerfallen, die ihrerseits wieder zur Länge der Ausgangsformen heranwachsen können. Diesem Vorgang geht fast immer eine Vakuolisation des Plasmas der Fäden voraus. Es erscheint dann mit zahlreichen kleinen Bläschen und Körnchen durchsetzt. Manchmal gesellt sich zu dem Symbionten ein schlankes, stäbchenförmiges Bakterium von ungefähr 3—4 μ Länge, das vornehmlich im Mycetom lebt und offenkundig keinen Symbionten darstellt, sondern einen für den Wirt wahrscheinlich

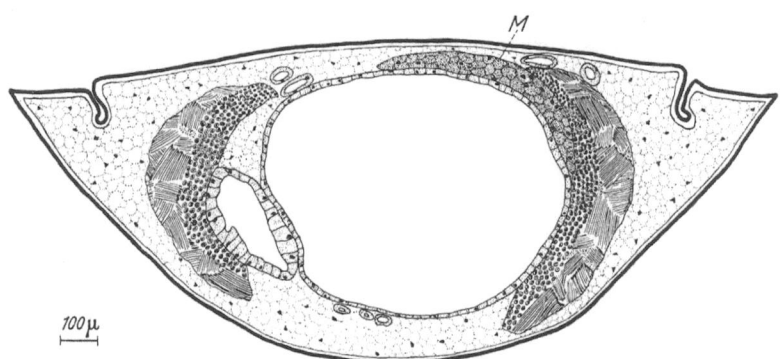

Abb. 30. *Ischnorrhynchus resedae* Pz., Querschnitt durch das Abdomen eines Männchens (*S* symbiontisches Organ).

ungefährlichen Parasiten. Es findet sich stets in geringer Zahl und läßt sich färberisch schwer sichtbar machen.

Das rote Pigment des Mycetoms ist im Plasma der Mycetocyten lokalisiert sowie in den Matrixzellen der Tracheolen, die das Organ umgeben und auch zwischen den einzelnen Zellen sich ausbreiten. Seiner chemischen Natur nach dürfte es sich ebenfalls um eine Bildungsstufe des Melanins handeln, da es bei der chemischen Prüfung fast genau so wie das *Nysius*-Pigment reagiert, nur daß es durch Kaliumbichromatlösung etwas stärker entfärbt wird. In der Fixierungsflüssigkeit von CARNOY bleibt es ausgezeichnet erhalten.

Über die Vererbung der Symbionten, die durch die Eizellen übertragen werden, ist wenig zu berichten. Die Verhältnisse entsprechen vollkommen denen der Gattung *Nysius*. Die Ovocyten müssen ebenfalls eine gürtelförmige Infektionszone passieren, wobei sie sich am vorderen Pol mit Symbionten beladen, die sich anfangs fast über das ganze, noch dotterlose Ei ausdehnen und erst später wieder an dem Orte ihres Eintritts zu einem allseitig von Dotter umgebenen Symbiontenballen zusammentreten (Abb. 32). Als Übertragungsformen finden sich 5—10 μ lange schlauchartige Bakterien, die in den Ovarialmycetomen aus dem Zerfall der fädigen Symbionten hervorgehen. In den Mycetocyten ist

Beiträge zur Kenntnis der symbiontischen Einrichtungen der Heteropteren. 633

allerdings die Lagerung der Bakterien dichter als bei *Nysius senecionis*. Sie umgeben knäuelförmig den zentral gelegenen Kern und sind nur in den Randpartien aufgelockert, besonders an der Innenseite des Mycetoms, wo der Übertritt in die Eizelle erfolgt. Ein weiterer Unterschied besteht in bezug auf die Pigmentierung dieses für die Übertragung so bedeutsamen Abschnittes der Eiröhre. In der Gattung *Nysius* sind alle symbiontischen Einrichtungen, einschließlich der Tracheen, rot gefärbt. Bei *Ischnorrhynchus resedae* besitzen dagegen nur Mycetom und sämtliche Tracheen — auch die im Bereiche der Keimdrüsen — dieselbe Färbung, während die Infektionszone der Ovariolen orange gefärbt ist. Chemisch verhält sich der orange Farbstoff genau so wie das rote Pigment und kann deshalb gleichfalls als melanotische Bildungsstufe betrachtet werden.

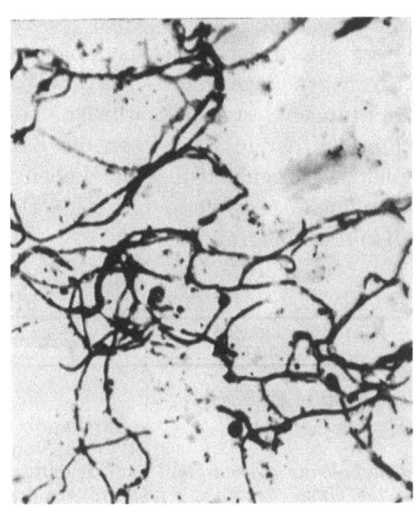

Abb. 31. *Ischnorrhynchus resedae* Pz., Symbiontenausstrich vom Mycetom eines Männchens.

Die verwandte, in Deutschland nicht vorkommende Art, *Ischnorrhynchus ericae* verdanke ich Herrn Prof. BUCHNER, welcher sie auf

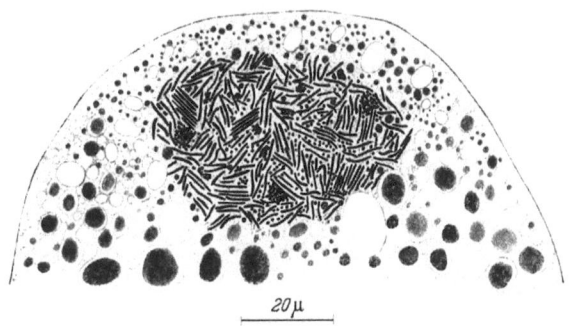

Abb. 32. *Ischnorrhynchus resedae* Pz., abgelegtes Ei, Symbiontenballen am vorderen Pol.

Ischia an *Erica arborea* gesammelt hat. Ihre symbiontischen Einrichtungen gleichen denen bei *Isch. resedae*. Dies gilt sowohl für die Lage als für den histologischen Aufbau der Bakterienwohnstätte und die Übertragungsweise.

Die Verbreitung der Heteropterensymbiose.

Bevor ich zu allgemeineren Betrachtungen übergehe, möchte ich zunächst eine tabellarische Zusammenstellung aller von mir untersuchten Heteropteren geben. Soweit die einzelnen Arten schon früheren Bearbeitern der Wanzensymbiose vorgelegen haben, sind sie mit einem Stern gekennzeichnet. Dort, wo überhaupt keine symbiontischen Einrichtungen festgestellt wurden, begnüge ich mich mit der Angabe der Familie, der in Klammern die Zahl der geprüften Arten beigefügt ist. Bei den Angaben über die Lebensweise hat mich Herr O. MICHALK in dankenswerter Weise beraten. Der Aufstellung liegt das System von HEDICKE zugrunde.

Tabelle 1.

Systematische Zugehörigkeit	Vorkommen	Lebensweise	Symbiontische Einrichtungen
Familie Cydnidae.			
Cydnus nigritus F.	auf Sandboden, an Wurzeln von Gräsern	phytophag	2 Kryptenreihen
Gnathoconus albomarginatus GZE.	auf feuchtem Boden, an Waldrändern	,,	,,
Sehirus bicolor L.	an niederen Pflanzen und Gräsern	,,	,,
Sehirus dubius SCOP.	an *Thesium*	,,	,,
Thyraeocoris scarabaeoides L.	auf trockenen Böden, vorwiegend subterran	,,	,,
Familie Coreidae.			
U.-F. *Coreinae.*			
Coreus scapha F.	auf xeroth. Böden an niederen Pflanzen	,,	,,
Bathysolen nubilus FALL.	auf trockenen Sandböden am Boden	,,	—
Spathocera dalmanni SCH.	auf trockenen sandigen Stellen	,,	—
Pseudophloeus falleni SCH.	desgl.	,,	—
Gonocerus juniperus F.	an Wachholder	,,	2 Kryptenreihen
Coriomerus denticulatus SCOP.	an Kräutern	,,	—
U.-F. *Coriscinae.*			
*Coriscus calcaratus L.	an *Euphorbia* und and. Pflanzen	,,	2 Kryptenreihen
U.-F. *Corizinae.*			
*Corizus hyoscyami L.	auf halbfeuchten Böden an Kräutern	,,	—
*Rhopalus parumpunctatus SCHILL.	desgl.	,,	—
*Rhop. subrufus GMEL.	auf Kalkböden an Kräutern	,,	—
Myrmus miriformis FALL.	auf trockenen Böden an Gräsern	,,	—
Chorosoma schillingi SCH.	desgl.	,,	—
Stictopleurus abutilon RSS.	auf trockenen Böden	,,	—

Beiträge zur Kenntnis der symbiontischen Einrichtungen der Heteropteren.

Tabelle 1 (Fortsetzung).

Systematische Zugehörigkeit	Vorkommen	Lebensweise	Symbiontische Einrichtungen
U.-F. *Stenocephalinae*. *Stenocephalus agilis* Scop.	an Euphorbiaceen	phytophag	2 Kryptenreihen
Familie Plataspidae. *Coptosoma scutellatum* Geoffr.	an *Coronilla varia*	,,	,,
Familie Lygaeidae. U.-F. *Lygaeinae*. *Spilostethus equestris* L.	an *Vincetoxicum off.*	,,	—
Gattung *Nysius* Dall. *N. punctipennis* H. S. *N. senecionis* Schill. *N. thymi* Wlff. *N. lineolatus* Costa	am Boden an niederen Pflanzen (*Potentilla*-Arten)	,,	paariges Mycetom
U.-F. *Cyminae*. *Cymus claviculus* Fall.	auf feuchtem Biotop an sauren Gräsern	,,	—
Ischnorrhynchus resedae Pz.	auf *Alnus* und *Betula*	,,	unpaares Mycetom
Ischnorrhynchus ericae Horv.	auf *Erica arborea*	,,	,,
U.-F. *Blissinae*. *Ischnodemus sabuleti* Fall.	vorwiegend auf *Glyceria*	,,	paariges Mycetom
U.-F. *Geocorinae*. *Geocoris grylloides* L.	auf trockenen Sandböden	,,	Bakterien im Fettgewebe
Geocoris lineola Rmb. *Geocoris palidicornis* Costa	in südlichen Strandgebieten an Bodenpflanzen	,,	—
U.-F. *Heterogasterinae*. *Heterogaster urticae* F.	auf *Urtica*	,,	2 Kryptenreihen
Heterogaster artemisiae Schill.	auf trockenen Kalkböden an *Thymus*	,,	,,
Platyplax salviae Schill.	auf *Salvia*	,,	—
U.-F. *Oxycareninae*. *Oxycarenus modestus* Fall.	an beiden *Alnus*-Arten	,,	—
U.-F. *Aphaninae*. **Rhyparochromus chiragra* F.	mittelfeuchte Stellen	,,	fingerförmige Anhänge
Ischnocoris punctulatus Fieb.	auf sandigen, besonnten Hängen am Boden	,,	desgl.
Stygnocoris rusticus Fall.	an feuchten Stellen	,,	,,
Stygnocoris fuligineus Geoffr.	auf sandigen besonnten Hängen am Boden	,,	,,
Peritrechus silvestris F. **Peritrechus geniculatus* Hhn.	halbfeuchte Böden an Waldrändern	,, ,,	,, ,,
Peritrechus nubilus Fall.	auf Sandböden unter Pflanzenpolstern	,,	,,

Tabelle 1 (Fortsetzung).

Systematische Zugehörigkeit	Vorkommen	Lebensweise	Symbiontische Einrichtungen
Beosus maritimus SCOP.	auf Sandböden gern unter *Calluna*	phytophag	fingerförmige Anhänge
Aphanus rolandri L.	trockene Kalkböden	,,	desgl.
Aphanus lynceus F.	auf trockenen Sandböden unter Pflanzenpolstern	,,	,,
Aphanus quadratus F.	desgl.	,,	,,
*Aphanus albomarginatus GZE.	auf feuchten und trockenen Böden	,,	,,
Aphanus pini L. *Aphanus phoeniceus* RSS.	auf verschiedenen nicht zu trockenen Böden	,,	,,
Trapezonotus arenarius L.	auf trockenen Böden an niederen Pflanzen	,,	,,
~~Gonianotus~~ marginepunctatus WLFF.	auf trockenen Böden unter niederen Pflanzen	,,	—
Emblethis verbasci F.	auf trockenen Kalk- und Buntsandsteinböden	,,	—
Drymus silvaticus F.	auf trockenen Böden	,,	fingerförmige Anhänge
Drymus brunneus SHLB.	auf feuchten Böden an Waldrändern	,,	desgl.
Eremocoris podagricus F.	unter Laub und Stein	,,	,,
Scolopostethus affinis SCH.	feuchtere Waldränder	,,	,,
*Gastrodes abietis L.	auf Nadelhölzern	,,	schlauchförmige Anhänge
Tropistethus holoscericeus SCHLTZ.	auf trockenen Böden unter Pflanzenpolstern	,,	desgl.
Familie Berytidae.			
Berytus clavipes F.	auf trockenen Böden an Gräsern und niederen Pflanzen	,,	lappenförmige Anhänge
Berytus crassipes H.S.	desgl.	,,	desgl.
Berytus minor H.S.	,,	,,	,,
Familie Pyrrhocoridae.			
*Pyrrhocoris apterus L.	überall anzutreffen, besonders an *Tilia* und *Malva*	phytophag, auch zoophag	2—3 kleine sterile Anhänge; Bakterien zahlreich im Darmlumen

In den folgenden Familien fahndete ich vergeblich nach einer Symbiose wie zum Teil schon FORBES, GLASGOW und KUSKOP. So besitzen die Tingiden (7) und die Piesmiden (3) sowie die Capsiden (45) keine symbiontischen Einrichtungen. Weiterhin fehlen sie den Nabiden (4), Reduviiden (1), Anthocoriden (2), Leptopodiden (1) und Asopinen (3) unter den Pentatomiden. Das gleiche Resultat ergab die Untersuchung der aquatilen Wanzen, die den Familien der Naucoriden (1), Nepiden (1), Notonectiden (1), Corixiden (1) und Gerriden (2) angehören. Von den ökologisch nahestehenden Uferwanzen lagen Vertreter der Hydrometriden (1), Saldiden (2), Hebriden (1) und Veliiden (1) vor. Sie waren ebenso frei von Symbionten wie die Aradiden (1).

Ich habe mich bisher, von gelegentlichen Vergleichen abgesehen, in der Darstellung der Symbiose der heteropteren Wanzen auf die Wiedergabe der eigenen Beobachtungen beschränkt und will nun meine Befunde unter Berücksichtigung der Ergebnisse der anderen Autoren zusammenfassend ordnen. Überblickt man dabei die symbiontischen Organe, so läßt sich mit Leichtigkeit eine Entwicklungsreihe aufstellen, die von einer zunehmenden Anpassung zwischen Symbiont und Wirt zeugt.

a) Symbionten ausschließlich im Lumen des Mitteldarms. Diesen primitiven Typus vertreten *Pyrrhocoris apterus* (KUSKOP), die blutsaugenden Formen *Rhodnius* und *Triatoma* (WIGGLESWORTH) und *Stephanitis rhododendri* (BUCHNER). Bei der letzteren scheinen die Bakterien bereits in bestimmten, nischenähnlichen Bezirken des Darmlumens lokalisiert zu sein.

b) Symbionten in spezifischen Neubildungen des Mitteldarms. Die Bakterien leben in:

1. Fingerförmigen Anhängen.

Symbiontische Einrichtungen dieser Art sind von den Blissinen und den ihnen nahestehenden Aphaninen bekannt. FORBES, der als erster diese beiden Subfamilien der Lygaeiden untersuchte, fand derartige Anhänge bei *Blissus leucopterus*, *Trapezonotus nebulosus* und *Myodocha serripes*; sein Schüler GLASGOW konnte sie bei weiteren Arten der Gruppe nachweisen. KUSKOP, die der Symbiose der Aphaninen besondere Aufmerksamkeit zuwandte, stellte ähnliche Bildungen bei *Aphanus alboacuminatus*, *Rhyparochromus chiraga*, *Peritrechus geniculatus* und *Gastrodes abietis* fest. Ihre morphologischen und histologischen Befunde kann ich bestätigen.

Die Anhänge, die mitunter selbst innerhalb der Art in ihrer Form außerordentlich variieren, sind von beträchtlicher Länge und reich von Tracheen umsponnen. Man kann sie grob einteilen in: schlauch-, band- und blattförmige Organe, die sich aus mehr oder weniger zahlreichen, dicht nebeneinanderliegenden und ungleich langen Blindsäcken des Mitteldarms zusammensetzen. Bei *Gastrodes abietis* durchdringen beiderseits zwei lange, dünne und verzweigte Schläuche das Fettgewebe und münden lateral, kurz oberhalb der Eintrittsstelle der MALPIGHIschen Gefäße, in den Mitteldarm. Ähnlich gebaut, nur stärker verästelt, erweisen sich die Ausstülpungen bei *Tropistethus holosericus*. Schon höher entwickelte Verhältnisse zeigt *Drymus silvaticus*. Die Wohnstätten der Symbionten, die hier in der Dreizahl vorhanden sind, bestehen aus 4 bis 6 Blindsäcken. Ihre Gestalt ist bandförmig. Ebenso viele, bisweilen gegabelte Ausstülpungen besitzt *Scolopostethus affinis*. Während diese bei *Drymus silvaticus* das Mitteldarmende umgreifen, nehmen sie bei *Scolopostethus affinis* bereits von einem größeren Teil des Darmes Besitz. Die Aussackungen haben sich darmaufwärts ausgedehnt und zeigen die von Kuskop beschriebene Anordnung. Allmählich vergrößert sich die Zahl der Blindsäcke immer mehr. Die symbiontischen Organe werden zu flachen, blattartigen Gebilden, die beiderseits dorsal dem Fettgewebe aufliegen. So führt *Ischnocoris punctulatus* stets zwei schmale und einen breiten Lappen. Bei *Trapezonotus arenarius* schwankt dagegen die Zahl der Anhänge zwischen zwei und vier. Sie sind oftmals bis fast zum Grunde gespalten und gruppieren sich wie bei *Drymus* unmittelbar um das Mitteldarmende. Die Mehrzahl der Aphaninen besitzt 2—3 breite fingerförmige Lappen, die aus 14—15 Blindsäcken bestehen. Dazu kommen 1—2 weniger breite Ausstülpungen, die mitunter sehr kurz sein können. Exakte Angaben lassen sich darüber nicht machen, da Form und Zahl der Anhänge sehr verschieden ist. So besitzt z. B. *Aphanus lynceus* einmal zwei breite, gefingerte und zwei schmale, ungeteilte Anhänge, während es ein anderes Mal fünf an der Zahl sind, indem ein unscheinbarer, aus 2—3 Blindsäcken bestehender Lappen hinzugetreten ist. *Beosus maritimus* besitzt ebenfalls zwei große breite, dagegen auf der anderen Seite des Darmes nur zwei kleine sehr schmale Aussackungen.

Bei den Insassen der stets unpigmentierten Organe handelt es sich vorwiegend um $1/2 \mu$ große Kokken sowie kurze Stäbchen von durchschnittlich 2μ Länge, wobei die ersteren auf dem Wege der Zerfallsteilung aus den letzteren hervorgehen. Wie es scheint, erfolgt das Wachstum der Symbionten in einem bestimmten Zyklus. Die weiblichen Tiere von *Beosus maritimus* zeigen nämlich im Herbst stäbchenförmige Bakterien bis zu 6μ Länge, während Exemplare, die zu Beginn des Sommers gefangen wurden, Kokken aufwiesen.

Den Symbiontenwohnsitzen der beiden Subfamilien der Lygaeiden verwandte Organe finden sich bei den Berytiden. Hier bilden nach Glasgow bei *Jalysus spinosus* 6—10 Blindsäcke je einen blattartigen Lappen, die beiderseits dem Mitteldarmende ansitzen. Von den mitteleuropäischen Arten dieser Familie sind ähnliche Organe bei *Berytus clavipes*, *B. crassipes* und *B. minor* vorhanden. Zwei breite Lappen, deren Blindsäcke von nahezu gleicher Länge sind, umsäumen das Mitteldarmende. Die kleinen kokkenförmigen Symbionten bilden perlschnurähnliche Stücke.

2. Kryptenreihen.

Regelmäßig angeordnete, kurze Ausstülpungen (Krypten) begleiten den Mitteldarm bis zum Ansatz der Malpighischen Gefäße. Dieser Symbiosetyp hat unter den Heteropteren die größte Verbreitung gefunden. Neben Arten mit zwei Reihen von Anhängen gibt es solche mit vier Reihen.

2 Kryptenreihen: Die einfachsten Verhältnisse zeigen verschiedene Pyrrhocoriden. *Pyrrhocoris apterus* besitzt zwei bis drei kleine, allerdings sterile Drüsen (KUSKOP), wovon ich mich ebenfalls überzeugen konnte. Bei *Dysdercus suturellus* fand GLASGOW sechs bis sieben Anhänge, die gegen das Mitteldarmende immer größer werden und von Bakterien bewohnt sind. In beiden Arten treten die symbiontischen Organe nur im Weibchen auf, während alle übrigen Vertreter einer Darmsymbiose derartige Ausstülpungen in beiden Geschlechtern führen. Den Übergang zu diesen Formen bildet *Largus cinctus* (GLASGOW), wo zahlreiche schmale Krypten den Darm umsäumen. Ihr schließen sich die Cydniden an. Bei ihnen erweist sich der Kryptendarm wenig voluminös und fast durchsichtig, *Gnathoconus albomarginatus* hat ihn von flacher, etwas breiter Form. Eine Pigmentierung fehlt vollkommen. Die einzelnen Krypten nehmen, vor allem bei *Gnathoconus* und *Thyraeocoris scarab.*, allmählich an Umfang zu. Die Symbionten sind bei *Cydnus nigritus* Kokken und kurze Stäbchen, bei *Sehirus* ungefähr 2,5 μ lange, gedrungene Formen, und bei *Thyraeocoris scarab.* messen sie 4—12 μ. Auch in dieser Familie scheinen die Bakterien einem Gestaltswandel zu unterliegen. Die Weibchen von *Gnathoconus* besitzen im Sommer schlanke 2,8—7,0 μ lange Symbionten, im Winter dagegen nur kurze, gedrungene Formen von 0,6—3,0 μ Länge. Ähnliche symbiontische Einrichtungen beobachtete GLASGOW bei den außereuropäischen Cydniden *Thyraeocoris unicolor* und *Th. pulicaria*.

Auch unter den Coreiden ist dieser Organtyp anzutreffen. Wir finden ihn in der Subfamilie der Coreinen bei *Coreus scapha, Gonocerus juniperus, Syromastes marginatus* (KUSKOP) und *Verlusia rhombea* (ROSENKRANZ). Der Unterfamilie der Corizinen fehlen symbiontische Organe. Dagegen besitzen die Coriscinen und Stenocephalinen in *Coriscus calcaratus* (KUSKOP) und *Stenocephalus agilis* nach dem augenblicklichen Stand der Kenntnisse je einen Symbiontenträger. Mit Ausnahme von *Gonocerus junip.*, deren Kryptendarm gelb pigmentiert ist, sind die Wohnstätten der Symbionten farblos. Der *Syromastes*-Typus, wie ihn KUSKOP bezeichnet, findet sich ferner bei einer Anzahl nichteuropäischer Coreiden. Über die Bakterien der von mir untersuchten Arten ist nicht allzuviel zu berichten. Es handelt sich bei *Coreus, Gonocerus* und *Stenocephalus* fast durchweg um kokkenartige Formen, zwischen denen sich wenige kurze, dicke Stäbchen befinden.

Ähnlichen Anhängen begegnen wir schließlich in der Familie der Lygaeiden. GLASGOW gibt von *Petiopelta abbreviata* und *Oedancala dorsalis* Abbildungen. Ich selbst konnte 2 Reihen ungefärbter Krypten in der Subfamilie der Heterogasterinen nachweisen, wo sie bei *Heterogaster urticae* und *H. artemisiae* den Darm begleiten. Im weiblichen Geschlecht sind die Endkrypten angeschwollen. Die Größe der Bakterien schwankt zwischen 1 und 1,5 μ.

Eine Sonderstellung nehmen die Acanthosominen ein (ROSENKRANZ). Die Entwicklung der Darmsymbiose erreicht hier mit dem Aufgeben der Beziehungen zum Darm den Höhepunkt. Ihr symbiontisches Organ ist wohl auch dem *Syromastes*-Typ zuzurechnen, aber die Krypten stehen hier nicht mehr mit dem Darmlumen in Verbindung, sondern haben sich vollkommen emanzipiert. Der Zusammenhang beschränkt sich nur noch auf eine lose, äußere Bindung. Auch *Coptosoma* ist hier zu nennen, wo vor allem im männlichen Geschlecht das symbiontische Organ durch die 2malige Verlötung seinen inneren Zusammenhang mit dem übrigen Darmkanal aufgegeben hat.

4 Kryptenreihen: Dieser Symbiosetyp ist vornehmlich auf die Pentatomiden beschränkt, ausgenommen die obenerwähnten Acanthosominen mit zwei „Kryptensäcken" und die Asopinen, die keine Symbionten führen. Die Übertragungsweise dieser Familie (ROSENKRANZ), die auf dem Wege der Eibeschmierung erfolgt, dürfen wir in gleicher Weise für die übrigen Vertreter einer Darmsymbiose unter den Wanzen annehmen.

c) Symbionten im Fettgewebe. Die Besiedlung des Fettgewebes, die in anderen Insektengruppen eine so große Bedeutung erlangt hat, spielt bei den Heteropteren eine völlig untergeordnete Rolle. Wir finden sie in einem einzigen Falle bei *Geocoris grylloides* verwirklicht. Es handelt sich hier um eine lockere Form der Besiedlung. Die Bakterien überschwemmen diffus das abdominale Fettgewebe. Ob man überhaupt berechtigt ist, hier von einer Symbiose zu sprechen, bleibt fraglich.

d) Symbionten in Mycetomen. 1. Unpaares Mycetom *(Ischnorrhynchus resedae, Ischn. ericae).*

2. Paariges Mycetom (blutsaugende Heteropteren *(Cimex)*, Gattung *Nysius und Ischnodemus sabuleti).*

Diese Übersicht, die eine überraschende Mannigfaltigkeit innerhalb der Heteropteren vermittelt, ist zugleich ein erneuter Beweis für die engen Beziehungen der Symbiose zur Ernährungsweise. Ein solcher Zusammenhang findet sich vor allem bei solchen Tieren, die von einer einseitigen, sterilen Kost leben. Für die Formen, welche Pflanzensäfte saugen, zeigt er sich in vollendeter Weise bei den Homopteren, die ausnahmslos symbiontische Gäste beherbergen. Doch sind diese Beziehungen nicht überall so durchgreifende wie gerade in dieser Insektenordnung. Sie lassen sich auch bei den Wanzen feststellen, und KUSKOP hat bereits darauf hingewiesen; doch liegen hier, wie man der Tabelle entnehmen kann, noch sehr labile Verhältnisse vor. Gehen wir dieser Frage nach, dann müssen wir erkennen, daß es bei vielen Wanzen oft schwer fällt, eine sichere Entscheidung über ihre Ernährung zu treffen. So fand MORLEY (zit. nach WEBER 1930) die symbiontenführenden *Acanthosoma haemorrhoidalis* L. und *Elasmostethus griseus* L. auf Aas von *Corvus corone*. Eine ähnliche Beobachtung machte DAHL (zit. nach WEBER 1930) auf dem Bismarckarchipel, als er unter den Besuchern seiner ausgelegten Vogel-

Beiträge zur Kenntnis der symbiontischen Einrichtungen der Heteropteren. 641

köder zahlreiche Cydniden entdeckte. Nach ROSENKRANZ führt auch *Pentatoma rufipes* L. keine streng phytophage Lebensweise. Er bemerkte bei seinen Zuchten, daß die Wanzen sehr gern an toten Raupen saugten, daß sie diese sogar scheinbar benötigen. Denn solche Tiere hielten sich besser als ausschließlich phytophag ernährte. Tierische Säfte nehmen auch die Pyrrhocoriden zu sich. Bei ihnen ist außerdem Kannibalismus sehr verbreitet, indem sie, wie ich mich selbst überzeugen konnte, Eigelege vollständig aussaugen. Aber auch symbiontenfreie Formen, die als ausgesprochene Räuber bekannt sind, vermögen sich im Notfalle von pflanzlicher Nahrung zu erhalten. Zum Beispiel beobachtete SCHUHMACHER (zit. nach WEBER 1930) einheimische Asopinen, die an Pflanzen saugten, eine Behauptung, die GÄBLER für *Picromerus bidens* L. bestätigen konnte. Es ist daher vielfach gar nicht möglich, eine scharfe Grenze zwischen karnivorer und phytophager Lebensweise zu ziehen. Andererseits gibt es eine Anzahl von Familien, deren Angehörige sich zum überwiegenden Teil von pflanzlicher Kost nähren, z. B. die artenreiche Gruppe der Capsiden, die Tingiden und Piesmiden, viele Coreiden und Lygaeiden sowie von den aquatilen Wanzen die Corixiden. Bei all diesen fahnden wir vergeblich nach einer Symbiose. Die Phytophagie kann also offenbar von einer Symbiose begleitet sein — und ist es auch tatsächlich in den meisten Fällen —, sie braucht es aber nicht unbedingt, wie die obengenannten Familien zeigen. In der Erklärung dieses unterschiedlichen Verhaltens kann uns die Phylogenie Hilfe leisten. Nach HANDLIRSCH sind die Stammformen der Hemipteren karnivore Tiere gewesen, die allmählich zu phytophager Lebensweise übergegangen sind. Bei den Homopteren hat dieser Nahrungswechsel im ganzen Stamm stattgefunden, womit wahrscheinlich der Anstoß zur Aufnahme symbiontischer Bewohner gegeben wurde. Bei den Heteropteren ist, wie es scheint, dieser Wandlungsprozeß noch nicht beendet. Ein Teil von ihnen, die höherstehenden Landwanzen, haben bereits eine rein phytophage Lebensweise angenommen, was wiederum zur Einrichtung einer Symbiose führte; ein anderer Teil ist offenbar auf dem Wege zu solcher Spezialisierung. Es sind die letztgenannten Familien, die zwar schon phytophag leben, aber noch kein symbiontisches Verhältnis eingegangen sind, während die übrigen, vor allem die Wasserwanzen und die tieferstehenden Landwanzen, die ursprüngliche karnivore Ernährungsweise beibehalten haben und vielfältig auch entsprechende morphologische Anpassungen entwickelt haben. Noch viel eindeutiger tritt bekanntlich der ursächliche Zusammenhang zwischen Nahrungsquelle und Symbiose bei den blutsaugenden Insekten zutage. Hier haben experimentelle Untersuchungen bereits die Richtung gewiesen, in welcher die Bedeutung der Einrichtung zu suchen ist, wenn sich gezeigt hat, daß die Symbionten bei diesen Tieren nicht so sehr für die Verdauung unerläßlich sind, wie man ursprünglich annahm, als in erster Linie für Wachstum und Entwicklung. Meine ersten, freilich nur orientierenden Beobachtungen an *Coptosoma* lassen vermuten, daß auch bei ihnen und damit wohl bei allen Phytophthiren gleiche ursächliche Beziehungen vorliegen und die Symbionten dem Insekt wachstumfördernde Stoffe bereitstellen, an denen im Pflanzensaft Mangel ist.

Zusammenfassung.

Es wurden 23 Familien der mitteleuropäischen Fauna der Heteropteren auf Symbiose untersucht.

A. Symbiontische Einrichtungen wurden erstmalig gefunden:

1. bei der Plataspide *Coptosoma scutellatum* GEOFFR. Das symbiontische Organ wird von einem Kryptendarm gebildet, der beim Männchen blind ausläuft, während sich beim Weibchen noch ein besonderer, im Dienste der Übertragung stehender Abschnitt anschließt. In ihm entstehen die „Symbiontenpakete". Sie werden bei der Eiablage dem Gelege mitgegeben und dann von den ausgekrochenen Larven ausgesaugt.

Den Symbiontenwohnsitz in der jungen Larve stellt ein rotbraun pigmentierter Abschnitt des Darmrohres dar, der dem mit Dotter gefüllten Mitteldarm anhängt.

Die symbiontischen Bakterien erfahren in den männlichen Larven einen starken Gestaltswandel.

Die physiologische Bedeutung des pflanzlichen Partners für den Wirt scheint auch bei *Coptosoma* in der Produktion entwicklungsfördernder Stoffe zu liegen.

2. bei den Lygaeiden:

a) *Ischnodemus sabuleti* FALL. Die Wohnstätte der Symbionten bilden zwei unpigmentierte Mycetome im Abdomen. Sie bestehen aus einer Anzahl von Syncytien mit polymorphen Kernen. Bei der Übertragung werden die Bakterien aus dem Nährzellgewebe über die Plasmastränge den Ovocyten zugeführt. Sie sammeln sich am hinteren Pol und verhalten sich während der Embryonalentwicklung wie bei *Cimex lectularius* L.

b) in der Gattung *Nysius* DALL. Das symbiontische Organ besteht aus je einem, den Gonaden anliegenden, rot pigmentierten Mycetom.

Die Symbionten, bei sämtlichen untersuchten Arten als sehr ähnliche Schläuche festgestellt, werden durch die Eizellen auf die Nachkommen vererbt. Zu diesem Zweck wird ein besonderes ringförmiges Ovarialmycetom unter der Nährkammer einer jeden Eiröhre gebildet. Die Infektion erfolgt am vorderen Pol.

c) *Ischnorrhynchus resedae* Pz. Das unpaare, rot gefärbte Mycetom liegt dorsal vom Magen, mit dem es oft verwachsen ist. Die Übertragung der Bakterien erfolgt wie bei *Nysius*. Die Symbionten stellen lange, fädige Bakterien dar. Die bei beiden Formen auftretenden Pigmente sind Melaninvorstufen.

B. Bereits bekannte symbiontische Einrichtungen finden sich
1. in Gestalt von 2 Kryptenreihen:
a) bei den Lygaeiden: *Heterogaster urticae* F. und *H. artemisiae* SCHILL.
b) bei den Coreiden: *Coreus scapha* F., *Gonocerus juniperus* F. und *Stenocephalus agilis* SCOP.
c) bei den Cydniden: *Cydnus nigritus* F., *Gnathoconus albomarginatus* Gz., *Thyraeocoris scarabaeoides* L., *Sehirus bicolor* L. und *S. dubius* SCOP.
2. als fingerförmige Anhänge bei den Aphaninen: *Rhyparochromus chiragra* F., *Ischnocoris punctulatus* Fieb., *Stygnocoris rusticus* FALL., *Styg. fuligineus* GEOFFR., *Peritrechus silvestris* F., *P. geniculatus* HHN., *P. nubilus* FALL., *Beosus maritimus* SCOP., *Aphanus rolandri* L., *A. lynceus* F., *A. quadratus* F., *A. albomarginatus* GOE., *A. pini* L., *A. phoeniceus* RSS., *Trapezonotus arenarius* L., *Drymus silvaticus* F., *D. brunneus* SHLB., *Eremocoris podagricus* F., *Scolopostethus affinis* SCH., *Gastrodes abietis* L. und *Tropistethus holosericeus* SCHLTZ.
3. als lappenförmige Anhänge bei den Berytiden: *Berytus clavipes* F., *B. crassipes* H.S. und *B. minor* H.S.

C. Vielleicht als Symbionten zu deutende Bakterien finden sich im Fettgewebe bei *Geocoris grylloides* L.

D. Keine symbiontischen Einrichtungen besitzen, wie zum Teil schon GLASGOW und KUSKOP feststellten:
die Tingidae, Piesmidae, Capsidae, Nabidae, Reduviidae, Anthocoridae, Leptopodidae und die Asopinae unter den Pentatomiden, ferner die Naucoridae, Nepidae, Notonectidae, Corixidae, Gerridae, Hydrometridae, Saldidae, Hebridae, Veliidae, Aradidae und eine Anzahl der Coreidae und Lygaeidae.

Es wurde des weiteren eine Aufstellung der untersuchten Familien gegeben. Die meisten phytophag lebenden Wanzen sind Symbioseträger.

Literaturverzeichnis.

Aschner, M.: Die Bakterienflora der Pupiparen (*Diptera*). Z. Morph. u. Ökol. Tiere 20 (1931). — **Aschner, M. u. E. Ries:** Das Verhalten der Kleiderlaus bei Ausschaltung ihrer Symbionten. Z. Morph. u. Ökol. Tiere 26 (1933). — **Buchner, P.:** Studien an intrazellulären Symbionten I. Arch. Protistenkde 26 (1912). Studien an intrazellulären Symbionten. IV. Die Bakteriensymbiose der Bettwanze. Arch. Protistenkde 46 (1923). — Studien an intrazellulären Symbionten. V. Die symbiontischen Einrichtungen der Zikaden. Z. Morph. u. Ökol. Tiere 4 (1925). — Studien an intrazellulären Symbionten. VI. Die symbiontischen Einrichtungen der Rüsselkäfer. Z. Morph. u. Ökol. Tiere 26 (1933). — Tier und Pflanze in Symbiose. Berlin 1930. — **Convenevole, C.:** La simbiosi ereditaria negli Emitteri Eterotteri (*Aelia rostrata* GEOFFR.). Arch. Zool. Ital. 19 (1933). — **Dufour, L.:** Recherches anatomiques et physiologiques sur les Hémiptères, 1833. — **Forbes, S. A.:** Bakteria normal to digestive organs of Hemiptera. Bull. natur. Historie 4 (1892). — **Gäbler, H.:** *Picromerus bidens* als Feind der *Lophyrus*larven. Thar. forstl. Jb. 88, H. 1. (1937). —

Die Bedeutung einiger Wanzenarten als Feinde der Nonne. Z. angew. Entomol. 5, (1938). — **Geitler, L.**: Die Entstehung polyploider Somakerne der Heteropteren durch Chromosomenteilung ohne Kernteilung. Chromosoma 1, H. 1 (1939). — **Glasgow. H.**: The gastric coeca and coecal bacteria of the Heteroptera. Biol. Bull. Mar. biol. Labor. Wood's Hole 26, Nr 3. — **Hedicke, H.**: Heteroptera in BROHMER, EHRMANN, ULMER: Die Tierwelt Mitteleuropas (Rhynchota), 1936. — **Jaschke, W.**: Beiträge zur Kenntnis der symbiontischen Einrichtungen bei Hirudineen und Ixodiden. Z. Parasitenkde 5 (1933). — **Koch, A.**: Die Symbiose von *Oryzaephilus surinamensis* L. Z. Morph. u. Ökol. Tiere 23 (1931). — Symbiosestudien I. Die Symbiose des Splintkäfers (*Lyctus linearis* GZE.). — Symbiosestudien II. Experimentelle Untersuchungen an *Oryzaephilus surinamensis* L. Z. Morph. u. Ökol. Tiere 32 (1937). — **Kuskop, M.**: Bakteriensymbiosen bei Wanzen. Arch. Protistenkde 47 (1920). — **Landois, L.**: Anatomie der Bettwanze mit Berücksichtigung verwandter Hemipterengeschlechter. Z. wiss. Zool. 18/19 (1868/69). — **Leydig, F.**: Lehrbuch der Histologie. Frankfurt 1857. — **Lilienstern, M.**: Beiträge zur Bakteriensymbiose der Ameisen. Z. Morph. u. Ökol. Tiere 26 (1933). — **Ludwig, W.**: Untersuchungen über den Kopulationsapparat der Baumwanzen. Z. Morph. u. Ökol. Tiere 5 (1925). — **Mayer, P.**: Zur Anatomie von *Pyrrhocoris apterus* L. Arch. f. Physiol. 1874. — **Michalk, O.**: Zur Morphologie und Ablage der Eier bei den Heteropteren, sowie ein System über Eiablage. Dtsch. entomol. Z. 1928. — Die Wanzen (*Hemiptera heteroptera*) der Leipziger Tieflandsbucht und der angrenzenden Gebiete. Sitzgsber. Ges. Naturforsch. Leipzig 1938. — **Müller, H., J.**: Die intrazellulare Symbiose bei *Cixius nervosus* L. und *Fulgora europaea* (*Homoptera Cicadina*) als Beispiele polysymbionter Zyklen. Ber. 7. internat. Entomol.-Kongr. Berlin, 1938. — **Oshanin, B.**: Katalog der paläarkt. Hemipteren, 1912. — **Pfeifer, H.**: Beiträge zur Symbiose der Bettwanze und der Schwalbenwanze. Zbl. Bakter. I. 123, 1931. — **Pierantoni, U.**: La simbiosi ereditarea negli Etterotteri. Arch. Zool. Ital. 16 (1932). — **Ries, E.**: Die Symbiose der Läuse und Federlinge. Z. Morph. u. Ökol. Tiere 20 (1931). — Grundriß der Histophysiologie. Leipzig 1938. — **Rosenkranz, W.**: Die Symbiose der Pentatomiden. Z. Morph. u. Ökol. 36 (1939). — **Schneider, H.**: Ein Beitrag zur Biologie von *Piesma quadrata* F. unter Berücksichtigung der Bakteriensymbiose. Zbl. Bakter. II. 89 (1933). — **Schomann, H.**: Die Symbiose der Bockkäfer. Z. Morph. u. Okol. Tiere 32 (1937). — **Seidel, F.**: Die Geschlechtsorgane in der embryonalen Entwicklung von *Pyrrhocoris apterus* L. Z. Morph. u. Ökol. Tiere 1 (1924). — **Stammer, H. J.**: Die Symbiose der Lagriiden. Z. Morph. u. Ökol. Tiere 15 (1929). — Die Bakteriensymbiose der Trypetiden. Z. Morph. u. Ökol. Tiere 15 (1929). — Studien an Symbiosen zwischen Käfern und Mikroorganismen. I. Die Symbiose der Donaciinen. Z. Morph. u. Ökol. Tiere 29 (1935). — **Stichel, W.**: Illustrierte Bestimmungstabellen der deutschen Wanzen. Berlin 1925. — **Walczuch, A.**: Studien an Coccidensymbionten. Z. Morph. u. Ökol. Tiere 25 (1932). — **Weber, H.**: Biologie der Hemipteren. Berlin 1930. — Lehrbuch der Entomologie. Jena 1930. — **Wigglesworth, V. B.**: Symbiotic bakteria in a bloodsucking insekt, *Rhodnius rolixus* STAL. Z. Parasitenkde 28 (1936).

Lebenslauf.

Ich, KARL PAUL GERHARD SCHNEIDER, evangelischer Konfession, wurde als Sohn des verstorbenen Werkmeisters Hermann Schneider und seiner Ehefrau Agnes, geb. Dähne, am 12. Juni 1908 in Leipzig-Großzschocher geboren. Hier besuchte ich die Volksschule und anschließend die Humboldtschule in Leipzig, wo ich Ostern 1927 die Reifeprüfung ablegte. Darauf widmete ich mich an der Universität Leipzig dem Studium der Naturwissenschaften, vor allem der Botanik, Chemie und Zoologie und bestand im Sommersemester 1933 das Staatsexamen für das höhere Lehramt. Nach Ableistung meines Vorbereitungsdienstes an der Petrischule in Leipzig war ich bis Sommer 1935 als Aushilfs- und Hauslehrer und anschließend als wissenschaftlicher Hilfsarbeiter im Erwin Baur-Institut in Müncheberg (Mark) und im Institut für Rassenkunde der Universität Leipzig tätig. Seit Sommersemester 1937 habe ich mich im Zoologischen Institut der Leipziger Universität mit der vorliegenden Arbeit beschäftigt.

If you have any concerns about our products,
you can contact us on
ProductSafety@springernature.com

In case Publisher is established outside the EU,
the EU authorized representative is:
**Springer Nature Customer Service Center GmbH
Europaplatz 3, 69115 Heidelberg, Germany**

Printed by Libri Plureos GmbH
in Hamburg, Germany